昌化石文化研究丛书

印石皇后昌化鸡血石

姜四海 编著

西泠印社出版社

U0221925

《昌化石文化研究丛书》编委会

组织策划

中共杭州市临安区委宣传部

临安区文化创意产业办公室

临安区昌化石行业协会

顾　　问

陈振濂　史洪岳　都一兵

编　　委

寿屹峰　吴苗正　李　震　叶志荣

钱高潮　姜四海　方　频　王　璐

本书摄影

章晓敏　陈　波

昌化石玉岩山矿区全景图

凝萃时光　意蕴昌化（自序）

/ 姜四海

　　苍莽宇宙之中，自然汇聚万物，荟萃生命之光。人类自时光深处走来，以智慧改造世界，以心灵感知美好。作为万物之灵，人类不仅创造着世界，更升华出艺术与文化的隽永魅力。

　　世间的一切皆有法度，先贤哲人、诸子百家洞察出世间万物的规律，凝萃为集人类智慧之大成的宗法学说。儒释道，去芜存真、洞悉人心，成为人类发展的基石，与现代科学互为辩证，将世间万物相生相克的道理阐述得鞭辟入里。

　　人间至高境界"真善美"，科学取其真，宗教取其善，艺术则是美之传承。而人类上下求索、无有穷尽，不断追寻真善美的所在，从而完成灵魂的升华。

　　现代社会，"真"是难能可贵的品质。遵循契约精神，坚持以诚待人、以信立身，不随波逐流，不受金钱欲望的驱使，方能成为大写之"人"；我们在生活之中弘扬大爱，莫以善小而不为，莫以恶小而为之，才是真正的良善；文化艺术虽有传承可袭，但凭激情的创造、内心的渴求、纯粹的共鸣以及执着的追求，她以不同的形式存在，诗歌、音乐、文学、美术、工艺、影像……虽形态万千，却能使人在邂逅的瞬间如醍醐灌顶、甘露洒心。美是最直观最感性的情绪，是心与心的碰撞，是情感的宣泄与绽放，仿佛甘泉滋养贫瘠的心田，仿佛热流涌过冰封的心灵，是让人愉悦而难以割舍的人生境界。

　　昌化石，凝萃亿万年的时光，锻炼出美妙的形态，成为造物主传递"真善美"的独特媒介。它博大精深、意蕴深厚，亿万年的磨砺沉淀形成温润淳厚又不失热烈真挚的气质，敦厚绵长于外，殷红艳丽于内。唯有"至真"之品，才能在矿藏中经历漫长的等待，成就脱颖而出的灿烂韶华。

从一块灵石到一件艺术珍品，每一颗昌化石都经历了无数次的打磨与雕琢，在艺术家的手中成为凝聚智慧与意象的艺术作品，也成为"至美"的瑰宝。

神奇大自然的蕴藏赋予其独一无二的品质、色彩、纹理、质地，变化万千，不一而足。色彩红艳如泼如洒，似鲜血凝结；质地细腻温润、莹辉浸润；纹理变化无端、浑然天成。大师刀锋所过之处因势赋形，与每一丝色彩变化、纹理走向完美契合，展现出相得益彰的融合之美。不仅唤醒了灵石沉睡的光彩，更赋予其生命的力量，真可谓"造化钟神秀、妙手夺天工"。

于千万年之中时间的无涯的荒野里聆听到你的呼唤，于千万座矿藏中遇见至真之美的原石，于千万位匠人艺术家的手中磨砺雕琢，那亿分之一的缘分让我与昌化石邂逅相遇，方才成就一点灵犀的灵魂共鸣。而我也愿以真、善、美作为一枚印，盖在自我之上，成就我对艺术的期许、对美的挚爱。

对于时代造就的机遇，对于昌化鸡血石，我始终抱以感恩之心。可以说，正是昌化鸡血石的巅峰时期改变了我的整个人生轨迹，使我认识了众多良师益友，也让我对人生和事业有了更高的追求。为了铭记这段热血的岁月，为了将昌化石鸡血石之美传递给更多人，我决心将昌化鸡血石重要的这一段历史与故事记录下来。

而我与昌化鸡血石之间的缘分，或许是冥冥之中的因果福报使然。昌化鸡血石面世以来，即使在开采鼎盛之时，极品也甚少。每次出货也仅一两枚精品而已。在这期间，昌化鸡血石几乎全部销往中国台湾、香港和日本等国家和地区，行内人很难见到精品之物，行外人更是难得一见。惜早年切割加工的精品昌化鸡血石皆无资料存世，只能于近二十年来的采集收藏中遴选出个中精品，以图文的方式加以展示，借此抛砖引玉，让越来越多人关注到这一中国特有的瑰宝，将国石印宝的文化价值、社会价值与商业价值集中展现。当然我也希望借此契机让昌化鸡血石行业得以重塑和传承，让国石文化这树繁花绽放出夺目的光华，更为流芳溢彩。

目　录

华光潭大桥

·壹·

概

况

缘起昌化　石中瑰宝

　　鸡血石与昌化石历来闻名遐迩，在古代，二者实则是相同之物。只是前者取产地之名，后者则以色彩纹理命名，展现出昌化石的多面风采。

　　昌化石出产于我国浙江省临安市昌化地区玉岩山康山岭地方，其地介于里板庄、桥头庄二庄之间。因历史上此山曾属昌化县辖地，故称昌化石。它的血液中天生便带着浑然天成的文人色彩，集昌化石材质的独特性，因而成为图书石的佳选。

　　昌化石作为"印石三宝"之一，色彩比青田石与田黄石更丰富，更富于变化。简而言之，其他彩石具有的色彩，在昌化石中都能找到；而其它彩石不具有的色彩，昌化石有着更绚烂的呈现。

　　昌化鸡血石从成分上而言，是以地开石、高岭石等矿物为主，还有明矾石、石英等矿物，和辰砂结合的共生矿物体，因鲜红色似鸡血的辰砂（朱砂）而得名。鸡血石的形成在自然界中亦是十分罕见，每一块鸡血石所包含的不同矿物元素，造就了其独特的色彩与纹理，又加之以千变万化、绝无仅有的个性之美。

　　昌化鸡血石上散布着大大小小的密点，红点若鸡血，青紫如同玳瑁，品种有牛角冻鸡血石、白冻鸡血石、黄冻鸡血石等等，从名称上便可一窥石材纹理及色彩的特点。昌化鸡血石既独具文化内蕴、神奇稀有，又兼具色彩之美，面世以来深受帝王将相、达官贵人、文人墨客及收藏家的青睐。如今，昌化石的石材日趋稀少，更是成为收藏市场上极受关注的品类。

　　昌化鸡血石品质的判断主要从两大方面综合考量：一是看质地的属性，一般以质地纯洁、无砂丁杂质、透明度高为上品，反之为次。二是看鸡血石的特性，色彩的分布和浓郁程度，有六面血、四面血、三面血、两面血之分；此外，血

黄冻鸡血石印章

尺寸：2.2cm×2.2cm×9.5cm
重量：125g

色应凝固而不分散，深入印石肌理血不浅浮于表面。质地温润如玉、细腻凝结、色彩丰富、石性稳定，是鸡血石品质、品味之关键，加以变化万千的"鸡血"，有"大红袍""羊脂冻""刘关张"等名品昌化鸡血石。

鸡血石有"老坑货""新坑货""山料""田料"之称，这主要是指开发时间的早晚、质量优劣和不同坑口矿区之特点，并非昌化石品种的区分。在品评石材质量时，有红硐矿石、水硐矿石、康山岭矿石、蚱蜢脚盘矿石、料荡硐矿石、纤岭硐矿石、粗糠坞硐矿石、老鹰岩硐矿石、青柴盘硐矿石之说。鸡血石矿区以红硐、康山岭、蚱蜢脚盘为核心，这一带矿区的鸡血石质量相对稳定优越，产量相对多一些，其它矿洞也有不少名品。这些坑硐的鸡血石千变万化，出产量也较少，因此造就了昌化鸡血石"一石值千金"的身价。所以昌化石的种属难以照坑硐、产地名划分，要辨其良莠，唯有积累系统的知识和丰富的实践经验，才能真正做到"识货"。

国人偏爱瑰丽绚烂的事物，或是"深如绮色斜分阁，碎似花光散满衣"，或是"拂拂生残晖，层层如裂绯"，或是"余霞散成绮"，或是"霞落潭中波荡影"，仿佛是观赏者心中的朱砂痣，拨动心中的琴弦。

在《昌化石赋》中，作者以一支生花妙笔，一唱三叹地吟诵昌化石之美："若夫昌化鸡血，实天地之造化，自然之精华也。美之极矣，有凝脂之滋润，多冻蜡之光滑；貂蝉姗姗以拜月，西子楚楚而浣纱。艳比天桃，灼灼以妩媚；神欺菡萏，灿灿而堪夸。泊孤舟以赋赤壁，挥玉笔而倚丹崖，剑气如虹，举燕然之旌纛；美人似玉，伴孤鹜之红霞。沧浪之水，可以濯足；昆山之玉，何妨弹筑。一点丹心，拱清凉之月；几汪碧血，绽璀璨之花。横长槊以煮酒，挂弯弓而烹茶。鸡血之石，印章皇后；惟几惟康，帝王之家也。"

鲜红灿烂、蕴含着无穷奥秘与深邃内涵的鸡血石，不仅有夺人心魄的色彩，更因为自然造物的不确定性而让其"血色"呈现出变化无端的夺目效果。它的变幻莫测、瑰丽绚烂在玉石之中可谓力拔头筹。块血、条血、梅花血、浮云血等不一而足，鲜红最贵，次为朱红、暗红，深浅不一、浓淡相宜。可与旭日争辉，又可与晚霞媲美，当真是造化神奇的石中瑰宝，令人无限慨叹又沉醉其中。

鸡血石印章

尺寸：2.0cm×2.0cm×8.9cm
重量：102g

分门别类　尽展风采

古人本将鸡血石与昌化石归为同一含义，鸡血石也便等同于昌化石。直到20世纪90年代末发现其他品种的灵石，才将鸡血石作为昌化石代表性的一类品种。2003年昌化鸡血石被评为"国石"，列为全国四大宝石之一。

得天独厚的地质环境与上亿年的时光孕育出品质优异的昌化石，造就了丰富艳丽的色彩和灵动凝结的质地，石性稳定适合雕刻与收藏，千变万化、异彩纷呈的纹理与色彩则赋予每一块昌化石独一无二的特性与价值。

鸡血石是昌化石中最名贵的品种，是最古老、最艳丽、最神奇也最浓烈艳红的玉石，因而也便有了"印石皇后"之称，不仅珍贵稀有、价值千金，其中的名品更是一印难求。

昌化石根据所含矿物、色泽纹理和出产环境等而分为五大类，也是各具特色、各有千秋。

昌化鸡血石

以地开石、高岭石等矿物为主，与辰砂结合的稀有的共生矿物体宝石。细腻灵动，殷红艳丽，有青紫如玳瑁的牛角冻鸡血石、刘关张（章）鸡血石、羊脂冻鸡血石等数十名品，是昌化石中最具代表性的品种。

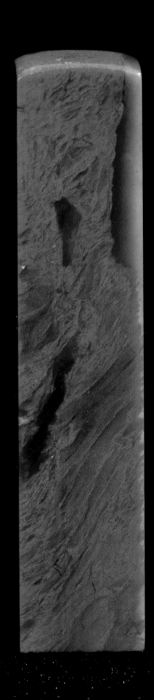

昌化田黄鸡血石

　　在玉岩山矿区山坡泥土层所产的鸡血石，属掘性石、籽料，表面一般带有石皮或无，质地相对温润细腻，凝结度更优。田黄鸡血石因长时间在泥土中汲取山川灵气，部分石质中并有一层再生的石皮，表面鸡血普遍有氧化现象，表面的石质也普遍有变化，因此比鸡血石更难研究含血量。篆刻、石雕刀感极佳。因田黄素有"石帝"之称，鸡血石又有"石后"之誉，昌化田黄鸡血石兼备两者丽质，故有"帝后合一"之美誉。

昌化田黄石

　　在玉岩山矿区山坡泥土层中所开采出的昌化石。明显特征是"无根而璞"，自成单个独石，呈无明显棱角的浑圆状，原料表面包裹石皮，以黄色为主，也有黑色、白色石皮的昌化石。被人们称为"籽料"，属掘性石。昌化田黄石的石性极稳定，打磨后光泽莹润透亮，与寿山田黄矿物演变过程类似，是篆刻材料之上选。

游江南昌化田黄石

昌化冻石

在玉岩山矿区开采的地开石、高岭石等矿物结合体的昌化石。色彩丰富，石性稳定，可用于制印章、石雕工艺品。代表性的有朱砂冻、红花冻、黄冻、白冻、乌冻、双彩三彩五彩冻等，色彩斑斓多变，均呈现出剔透晶莹的光彩。

境界昌化玻璃冻石

尺寸：8.2cm×0.6cm×16.3cm
重量：168g

时来运转

昌化彩石、奇石

产于玉岩山矿区，各种色彩奇特、纹理奇巧的昌化石，为昌化石中色彩最丰富的一类石材，产量约占昌化石的50%，蜡状光泽较强，部分品种以其色彩之长弥补了透明度、光泽度的不足。源头矿区昌化绿等品种亦属此类。

十八应真昌化绿

驰骋想象　蝶变之美

说起昌化鸡血石的魅力，充满想象又变化万千之美，虽然个中奥妙或许只有老藏家能悉心体会，但对于每一位爱好者而言，它都充满着无限的吸引力。一块原石以最稚拙淳朴的姿态出世，未来会焕发出怎样的光彩？在能工巧匠的手下，瑕疵可以成为闪光点，特色亦能成为独一无二的宝贵标签。就像是幼虫化茧成蝶，又如画布泼墨挥洒终成佳作，每一件昌化石艺术品的背后，都是上天馈赠、奇思妙想与妙手天工的完美结合。

2016年春节前，一位矿区朋友与我闲聊，交换彼此对行业前景和市场的一些看法。此际忽然想到一块他寄放在我处的田黄鸡血石，虽然他十分喜爱，但因等钱急用，只好忍痛割爱。我花了大几万元将这块田黄鸡血石买下，原石的大小恰好可以切割一方印章。凝重鲜红的血色分布在一头，石性尚佳，但褐黄的石皮下却不知石料究竟如何。以这个价格权衡，若不是出于朋友情义和市场上冻地的原材料实在太少，我并不会收下。

懂玉之人皆知，璞玉在能工巧匠的雕琢之下便能蜕变为稀世奇珍，对于鸡血石而言亦是如此。尚佳的原石给了创作者巨大的想象空间，可锯印章，也可作为石雕艺术品，不一而足。重点是依势塑形，将原石的色彩、纹理之美展现得淋漓尽致。

鸡血石其因稀有珍贵的材质，在市场上一直比较贵重，因此匠人们在处理一块原石时也都格外认真，着力于将血量最多、肌理最佳的部分完美展现。究竟是将它用作印章还是刻为雕件？我反复地推敲琢磨，一时间也难以做出抉择。

经过一段时间的深思熟虑，我的思路豁然开朗。经过分析，我判断原石内部的血色血量比肉眼可见更为充盈，原石的质地也比较剔透，可见质地上乘。

只是原石褐黄的石皮和斑驳的杂质需要谨慎对待。一方好的鸡血石印章的价值是有机的整体，血色、血量、质地的纯净度，尺寸大小、石性的稳定性，乃至于裂缝与瑕疵都是构成整体价值的关键因素，可谓失之毫厘谬以千里，一着不慎满盘皆输。

因此，我思虑再三，做了全盘规划之后决定将田黄鸡血石切割印章。切割印章是一项专业的工作，同时兼具探索发现神奇自然艺术造化之美和呈现亿年精华之美的趣味。全神贯注地研究、琢磨，于细微之间，发现石中蕴藏之宝。有时候是百无聊赖的寂寞，有时候又是妙趣偶得的快意；有时候最后的成品会远胜于预期的效果，有时候又远远不及原本的想象……未知的惊喜、收获的喜悦和创造的快感便是我如此钟爱鸡血石的另一层原因。

2017年，二月二龙抬头的这天下午，择日如愿，我便决定将切割印章之事付诸行动。因为之前早有多番思量，尺寸亦已了然于心，所以下刀之时已是胸有成竹。一刀下去，看到锯台上有鲜红的"血水"沁出，我的心中便是一阵欣喜。接下来印章的每一面都切割出了意想不到的效果。与之前的经验相比，如此小的原石却能得到如此多变的鸡血石，倒也是生平第一次。

从一枚斑斓殷红与褐黄石皮交杂的原石，到最终成型的印章，血量在切割的过程中变得更加充盈浑厚，质地也变得更加纯净细腻，如此收获可谓是上天的恩赐，也让我收获一枚引以为傲的珍藏。

昌化田黄鸡血石印章

尺寸：3.4cm×3.4cm×10.4cm
重量：287.5g

昌化名石　价值几何

　　市场经济时代，商品的价值有赖于市场的认可，艺术品亦是如此。艺术品价格的高低比普通的商品更难衡量，需要借由自身价值、政治、经济、文化、市场、拍卖等因素共同构成完整的评价体系。

　　昌化距城百余里十二都山中产图书石，红点若朱砂，便是世人所说的鸡血石，亦有青紫如玳瑁的，颇可爱玩。

　　从鸡血石诞生之日起，质地纯净而无瑕疵、色彩殷红斑斓如鸡血的精品鸡血石最是难得。《清稗类钞·矿物类·昌化石》记载，"然近数十年来求石质明活而斑鲜若鸡血者，一方印章，价值数十金，亦鲜不可得也"，足见鸡血石的价值之高，也佐证了鸡血石在古人心中所谓的"无价之宝"。

　　鸡血石是历代帝王掌上宝，乾隆皇帝是印章大玩家，以鸡血石印章刻"乾隆宸翰"并封之为国宝。1949 年后的二十余年内，鸡血石主要作为战略物质，以矿石的标准定义其价值。

　　20 世纪 70 年代后，鸡血石回归宝石艺术品利用。改革开放后，中国的艺术品文玩杂项通过广交会走向海外。20 世纪 90 年代初期，一方标准 (2cm×2cm×8cm) 鸡血石精品印章价值数十万人民币，远超其它名贵的艺术品，被赋予了更高的文玩和收藏价值。

　　这一时期鸡血石收藏市场主要是中国台湾、香港等地区，以及日本等东南亚国家。鸡血石色彩瑰丽而富于变化，具有喜庆祥和的寓意，也有了"印章皇后"的美称。一方品相上乘的鸡血石印，往往是拥有者身份和品位的象征，因此极受社会上层人士的推崇。20 世纪 90 年代前后，鸡血石在台湾风靡一时，几乎达到了家喻户晓的地步，玩家和收藏家竞相追捧。2000 年以前，鸡血石开采量百

捧纶学书（古印章）

清代吴捧纶之印
尺寸：2.0cm×2.0cm×7.5cm
重量：83g

分之九十以上销往中国台湾、香港和日本等国家和地区。昌化鸡血石的开采历史中，1990年至2000年是最辉煌的十年，整个玉岩山各矿点全面由手工转为机械开采；2000年后，昌化鸡血石的开采量迅速下降，到2010年以后几乎无矿可采。2018年，玉岩山全面禁止开采。

21世纪以来，鸡血石身价陡增，市场极为火热，购买者也不再局限于小众群体，其成为爱好者与收藏家共同追捧的目标。大红袍鸡血石印章的价格更是水涨船高，常常是有价无货，极难获得。

就矿区而言，鸡血石原石的价值评判标准则更为专业，颇带着些"赌石"的意味在其中。20世纪90年代初期，矿区就开始最原始的拍卖，成交率百分之百。开采到鸡血石后，开采方自行组织，发布公告，无底价竞拍，价高者得。拍卖者主要是当地鸡血石经营者、部分石雕人员和收藏者。

出价者一般根据原石的价值和可开发的价值判断价格。能锯几方印，每方规格多少？能挖多少鸡血？能够刻成怎样的作品？市场的可交易价格如何？通过多方的判断和考量，得出自己心中的价格标准。

也有部分人所谓"听风出价"，这些人没有预判价值的能力，往往伺机而动，在别人的出价上加价。矿区内参与拍卖的买家多为专业人士，当地鸡血石拍卖价格也就成了鸡血石市场价格的一个重要依据。虽然每块鸡血石各不相同，但还是通过品位、品种、质地、血量、净度等，以物与物、拍卖价与物的比较，得出自己的判断标准。

同行之间的交易价也是判断鸡血石价值的一个重要依据。同行间不忌讳了解底价（市场交易忌讳了解进价），因此大家都能通过自己的经验判断出鸡血石价值几何。

鸡血石的市场价格则主要依据原石的珍稀程度以及各环节（矿区拍卖、同行交易）的真实成交价而定。八九十年代，鸡血石身价陡涨，作为宝石艺术品收藏的门类，亦属于高价产品，只是对比如今的市场价格，当时的价格尚属低廉。

因精品鸡血石的数量稀有、专业知识门槛高，行业外的市场运作炒作公司或个人极少，因而成交价格都仰赖于市场本身的价值，故而较为真实、可靠。鸡血石的市场交易价，一般仰赖熟人介绍，但也有与商家讨价还价、依据艺术品的品质而定价等多种方式。想要客观地了解鸡血石的品质，需要对其有系统的了解和认知，从而判断真假优劣。

鸡血石的价值是多维的，有珠宝属性、艺术性、学术性、文化性等。从不同的角度去看待，自然有其不同的价值。鸡血石更是不可多得的宝石，它不仅是印信文化的载体，更是精神寄托之物。

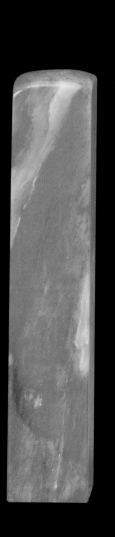
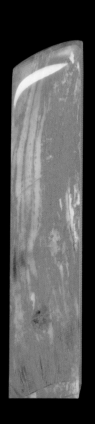
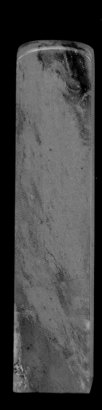

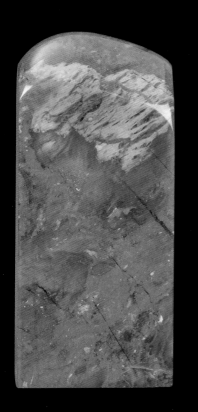
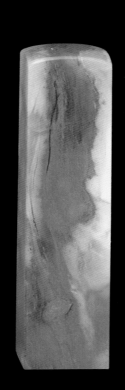
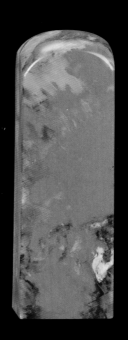

昌化石赋

/ 姚铁飞

石者，覆土以柔，披霜而伟，盖山之魂魄也。山隐奇石而名，水环青山而美，所谓"仁者乐山，智者乐水"，诚哉！石诸华夏，风骨也。垒不屈而欣然，叠坚贞而陶醉。于是女娲补天，抵不周之巍峨；精卫填海，呕身心之憔悴。怀石屈子，谁晓竭虑之心；残梦红楼，一把辛酸之泪。和氏泣血，玉璧含悲；米芾疯癫，朝服以跪。板桥竹石萧森，石涛怪岩冷晦。夫炎黄如磐气质，如玉精神，虽九死亦无悔耳。

是以浙西昌化，千载琢磨；吞吐群山，俯仰四合。风衔枚而曼舞，雨掣电而长歌。夹双溪以扼州府，毗东海而酿银波。双涧响空，惯看春花秋月；乱山滴翠，总听蒲苇风荷。亿万载烟云，阅尽尘沙漫漶；几千年历史，难忘驿旅蹉跎。毓秀钟灵，多俊杰之激越；河清海晏，尽雅士之磅礴。枕青山以酣卧，赴碧海而豪酌。风云激荡，携佳侣以长啸；岁月荏苒，揽高朋而评说。若夫西陲重镇，何其婀娜也。

至若昌化奇石，肇始于混沌，滥觞于鸿蒙。啜紫府之玉馔，啖瑶池之琪英。阆苑奇葩，红尘之尤物；蓬莱精髓，宇内之娉婷。铄八荒而耀日，灿四野以钟情。瘗玉埋香，多少芳菲之景；邀星请月，无限锦绣之形。浑厚苍茫，天边一轮朗月；玲珑剔透，万户捣衣砧声。也入宫闱，常驻琼宇。形似凝膏，滞流云以缱绻；神如玉冻，披虹霓而空灵。赛丛林清风飒爽，胜碧波兰桨玲珑。环白云以为珮，纫芝兰而乘风。醉处子之馥郁，欣雅客之从容。掬波斩浪，纳雨吸风，石之伟者，尽在边城！

若夫昌化鸡血，实天地之造化，自然之精华也。美之极矣，有凝脂之滋润，多冻蜡之光滑；貂蝉姗姗以拜月，西子楚楚而浣纱。艳比夭桃，灼灼以妖媚；

神欺菡萏，灿灿而堪夸。泊孤舟以赋赤壁，挥玉笔而倚丹崖，剑气如虹，举燕然之旌纛；美人似玉，伴孤鹜之红霞。沧浪之水，可以濯足；昆山之玉，何妨弹筑。一点丹心，拱清凉之月；几汪碧血，绽璀璨之花。横长槊以煮酒，挂弯弓而烹茶。鸡血之石，印章皇后；惟几惟康，帝王之家也。

且或昌化田黄，石中至宝；散于溪涧，埋于泥沼。无根而璞，鼎力名山之林；六德咸备，走红鳞岣之岛。竹蕴清风，柔润而通灵；梅托瑞雪，纯洁而窈窕。抚之温腻，沁脾之清泉；观之晶莹，扪心之秀草。巍巍乎石中之帝，峨峨乎印鉴之宝。三连图章，何匿于苑囿；千秋万代，总起乎腹稿。入竹林之潇潇，捧明月之皎皎，然后水落石出，山高月小也。

嗟夫！城造奇石之骨，石铸名城之魂。城以石闻，石借城珍。伟哉！昌化奇石，人间之真性情也！往事如烟，皆藏于日月；青春似火，尽付于乾坤。千里行程，终始于足下；一肩风雨，总起乎常心。洗去铅华，实人生之本色；脱却羁网，乃命运之浓荫。人因爱而憷懂，情循理而至尊。通情达意，置腹推心，则红尘紫陌，岂无知音乎！

田黄鸡血石原石　　尺寸：9.5cm×8.5cm×3.7cm　　重量：588.4g

聚石堂赋（以"名石臻化，昌昭四海"为韵）

/ 姚铁飞

尝谓石鉴阴阳性理，究岁月陶甄。斐伟之韶音屡继，坚贞之本色徐循。于山遂清飔际耳，在水则朗月无尘。辄有春秋比煜，杞梓咸臻。挺槊旋惊壤渚，调琴固尚经纶。纯粹之渊源早著，珍稀之品类犹纯。务感刚柔而酌醪，情怀类蠹；悉描意象而捼墨，气质摩云。孰知米芾癫狂，凌虚以傲；莫道西泠赫奕，向隅而欣。

慨其濯紫溪乃毓通灵，瘗玉岩而蒙造化。绺裂虽留以惟尊，明辉适界而勿讶。播宇内是谓缉熙，陈宫阙当然叱咤。俨占胚浑之屿，克绍堪舆；能参上苑之枢，昭融上下。于是蔚起名流，堪研石话。羡鸿鹄之高骞，穷阆苑而特雅。遵诚以间，当符市贾方圆；聚石于堂，莫论青蚨众寡。勤劬索隐之衾怀，勉勖思齐之丽画。时萌五德以加持，饬身心而林峦策马。

凡知山凭石伟，镇赖儒昌。既嗣八埏之要，孰蒙庶域之祥。美印承阴阳之魄，丹泥拓海岳之芳。雨挂钟声，蓬瀛润而骋逸；风摇塔影，琬琰琢而流芳。故谓丹青满室，翰墨悬堂。聚乾坤之宝典，摅徵羽于洪荒。振履则气凌霄汉，谈瓯乃韵溥宫商。淋漓振蛇珠之紫牖，绚烂执卞玉于丹廊。莫不弦歌炳耀，懋业昂藏。每念前人法度，淘摘此际文章。畅群贤之毕至，荡金声于无疆。

然其掞藻芳厅，凝辉国石。发钱王之幽衷，寻坡公之椽笔。嗣兰台之宏敷，穷亘古而邃密。岂晓鸡血弥鲜，朱砂迈赤。埋之亿载而荧煌，盛于明清实驻跸。细腻则穿昊须澄，斑斓故彤霞俱熠。况知色冠诸侪，温欺庶碧。同万物之随形，比千秋而秉质。冻而柔尽景器琳琅，刚而润则琼章炳蔚。匠思独运，或嗣两仪之程；勒技逾纯，专符六合之律。盈虚世界，方衍以君子之风；咫尺天涯，遂振其德华之策。

大抵金石至坚也，镌以推诚；轩堂极雅也，言而求是。但鄙轻浮者逾千，姑求坦荡者寡四。石兼心互笃，懿范时昭；仁共义交敦，枢机可示。从容之伟态堪知，淡定之娴姿甚慧。仁播大道，曾瞩目于钧天；善顺良时，尚倾心于况味。亦由警训斯尊，殊伦是冀。既凝神于孤灯，曾问讯于止水。东篱自去耕耘，北渚宁谈经纬。岂慕一卮之芳酒，任抚桐琴；偏夸百斛之明珠，焉夺矢志。

方今文明日益，境界宸昭。愈尚精神之岱，悉吟社稷之谣。赓义举以务本，睦良行而驱骄。携美石以同行，一襟朗月；与清涟而共友，两袖箫韶。既而夕临玉鉴，暮摆兰篙。考微瑕其至圣，察风血乃逾钊。未必林间之野鹤，何妨岭上之金雕。肃雍和鸣，安陈偃仰之绩；发扬蹈厉，盖隐沉浮之韬。故而淳风必畅，绮梦非迢。风云感修身之豫，草木敦养正之标。

由是宁泽众庶，岂眷虚名。每以躬耕为上，宁还梓里孚荣。报覃泽而淳风故咏，襟伟略而上善殊呈。累馈诚瞻，瑚琏之期日煜；真知具践，肺腑之愫辰莹。继晷焚膏，百炼之钢毕利；厚德载物，千磨之瑾独鸣。足可林峦赫奕，畎亩清明。动静诚含玉色，兴衰乃振金声。闾陌时闻善举，胶庠屡纳琼英。频襄重器于九域，亦奉丹心于诸城。据宝弗迷，终究殷阜之道；遵规自远，固谓腾骞之鹏。

盖以志溥高冈，情垂碧海。本惟睿以兴功，独由贤而溢彩。当嘉气魄之勃兴，岂负情怀而勿懈。石聚贞也，合青春之是孚；堂埋朴焉，跻道义而不怠。所以伟略殊妍，勋劳永在。集品类之丕芬，立潮头而举鼎。既睦黔黎以钩深，因映畎亩而溥爱。维兹百业之魁元，据此千堂之岳岱。乃赞谟功于华夷，被中和而天人交泰。

姚铁飞撰于己亥年仲秋

大红袍鸡血石印章

尺寸：2.4cm×2.4cm×9.0cm

重量：155g

罕见之珍品，质地细腻灵动纯净，石性稳定，
血色浓艳，20世纪90年代开采于红硐（老坑）。

冻地鸡血石印章

尺寸：3.1cm×3.1cm×10.0cm
重量：220g
产于玉岩山蚱蜢脚盘，1997年玉山村民开采，
名坑之石，精品昌化鸡血石。

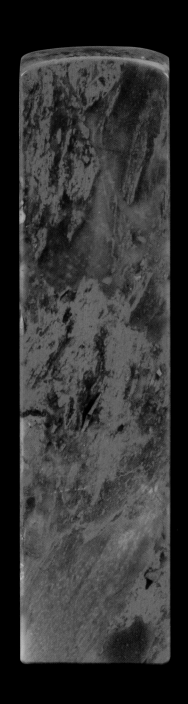

黄冻鸡血石印章

尺寸：2.5cm×2.5cm×10.2cm

重量：178g

老坑之名品，优质鸡血石印章。

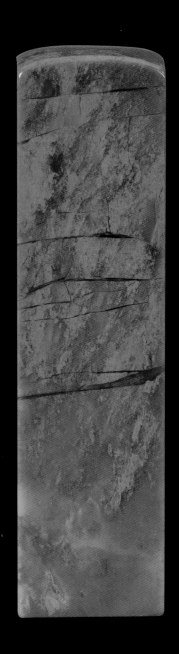

大红袍鸡血石印章

尺寸：2.1cm×2.1cm×8.3cm

重量：82.9g

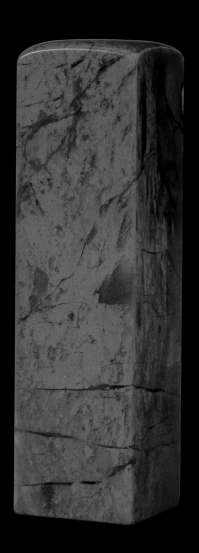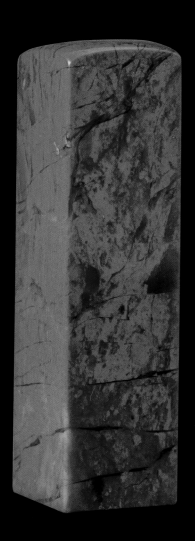

大红袍鸡血石印章

尺寸：2.0cm × 2.0cm × 7.6cm

重量：82.9g

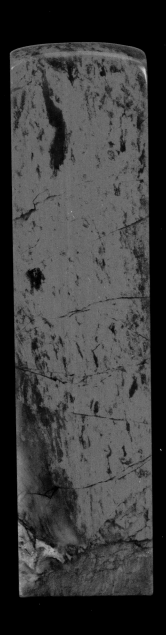

大红袍鸡血石印章

尺寸: 2.1cm × 2.1cm × 9.0cm
重量: 117.1g
20 世纪 90 年代初期开采于红硐, 石
性稳定, 血色奇艳, 此作品极为罕见。

乌冻鸡血石椭圆印章

尺寸：2.2cm×1.1cm×7.5cm

重量：43.8g

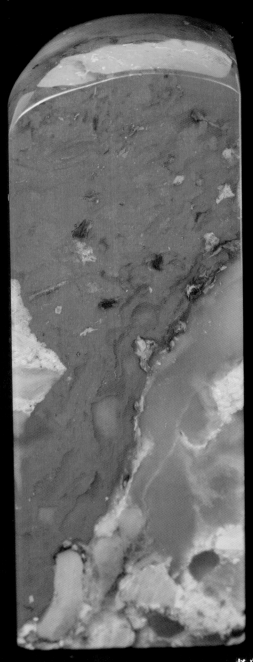

老乌冻鸡血石印章

尺寸：2.9cm × 2.9cm × 8.2cm

重量：183.8g

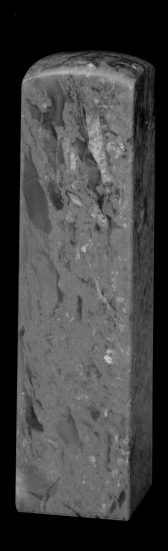

大红袍鸡血石印章

尺寸：2.1cm×2.1cm×8.8cm
重量：119.6g
20世纪90年代初期，源头村民开采于红硐，名坑之品，早期拍至我国台湾，国之瑰宝。

刘关张鸡血石对章

尺寸: 1.9cm×1.9cm×10.7cm（两方相同）
重量: 123.5g

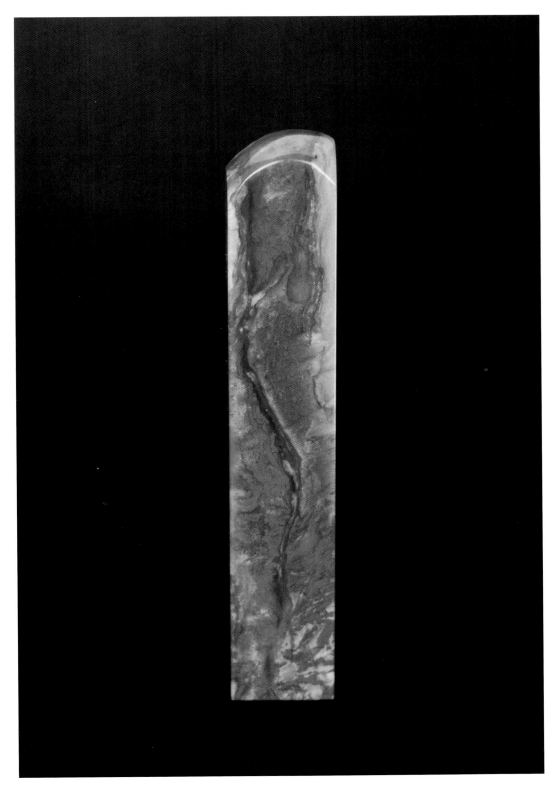

藕粉冻鸡血石印章

尺寸：1.8cm×1.8cm×10.2cm
重量：90.2g

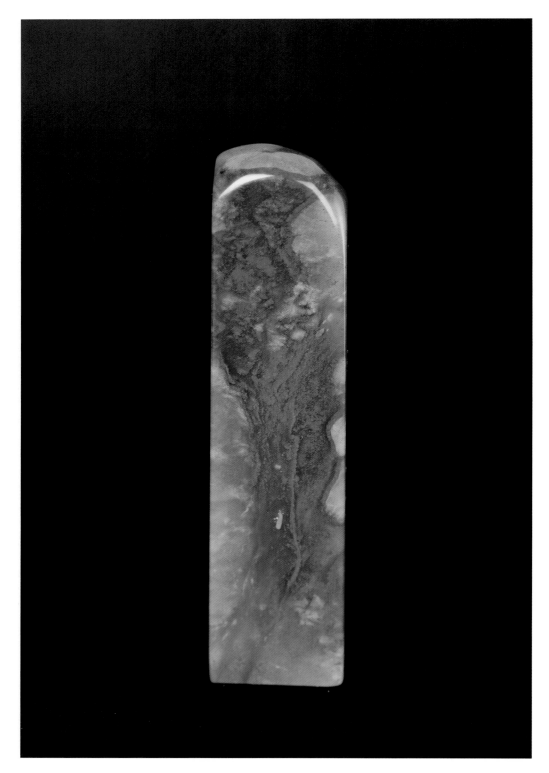

玻璃冻鸡血石印章

尺寸: 1.9cm×1.9cm×7.9cm

重量: 71.3g

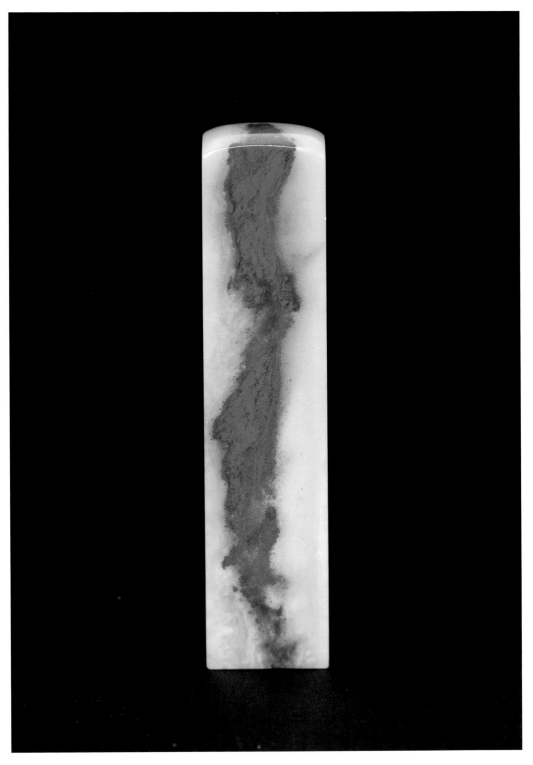

羊脂冻鸡血石印章

尺寸：1.7cm × 1.7cm × 8.3cm
重量：68.3g
占尽芳华白玉脂，美而赞之。

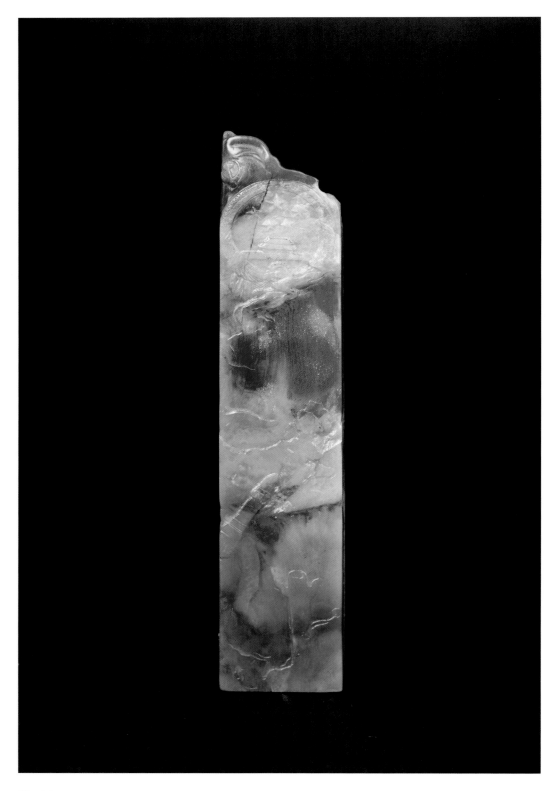

华夏文明

尺寸：2.6cm × 2.6cm × 13.1cm

重量：217g

老乌冻鸡血石印章

尺寸：1.9cm×1.9cm×9.0cm
重量：94.7g

昌化牛角冻印章

尺寸：2.2cm×2.2cm×7.7cm

重量：140g

大红袍鸡血石印章

尺寸：2.2cm×2.2cm×4.5cm
重量：90.4g

玉冻鸡血石印章

尺寸: 1.5cm × 1.1cm × 4.9cm
重量: 24.7g

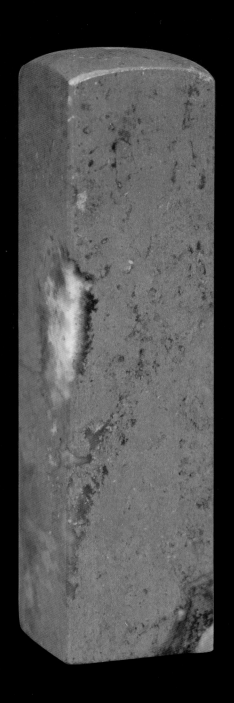

大红袍鸡血石印章

尺寸：1.6cm×1.6cm×6.5cm

重量：69.3g

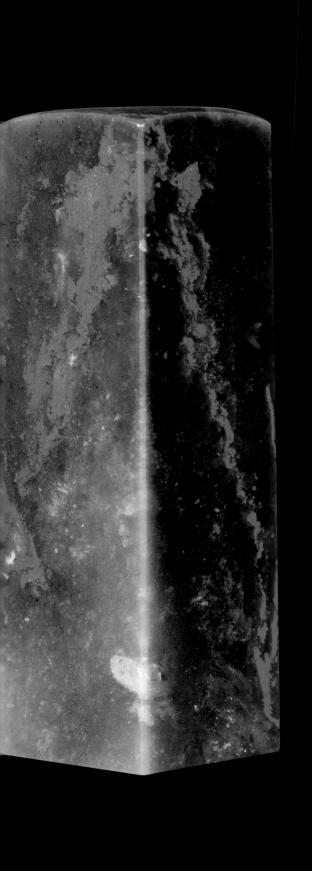

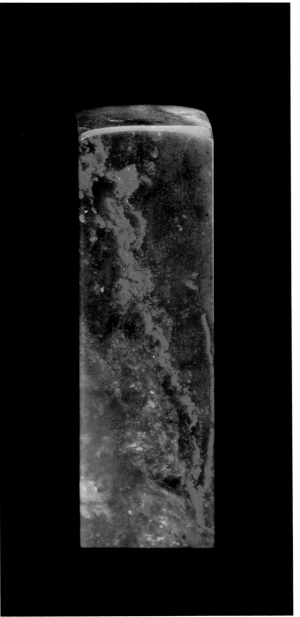

牛角冻鸡血石印章

尺寸：2.4cm×2.4cm×7.8cm
重量：109g

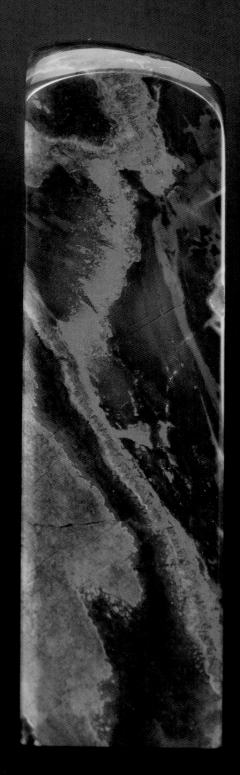

墨地鸡血石印章

尺寸：2.1cm × 2.1cm × 7.6cm

重量：89.4g

鸿运当头牛角冻鸡血石圆印章

尺寸：Φ1.7cm×5.8cm

重量：40.5g

玉红冻鸡血石印章

尺寸：1.9cm×1.9cm×7.3cm
重量：69.7g
掌上桃花，盛开不用三春雨；
篓中鸡血，凝固无须腊月霜。

黄冻鸡血石印章

尺寸：2.5cm×1.2cm×6.0cm
重量：31g

小红袍鸡血石印章

尺寸：1.1cm × 1.1cm × 6.3cm
重量：22.2g

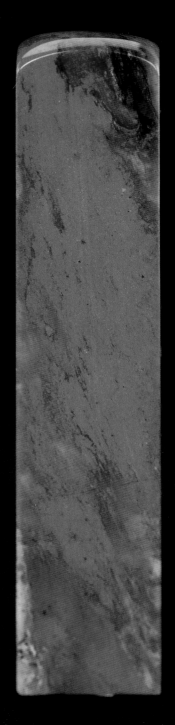

昌化小红袍鸡血石印章

尺寸：1.3cm×1.3cm×5.8~6.1cm

重量：28.6g

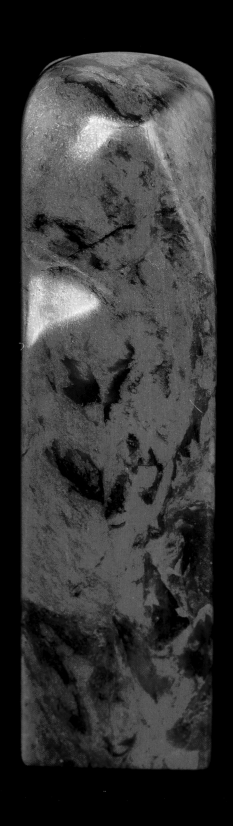

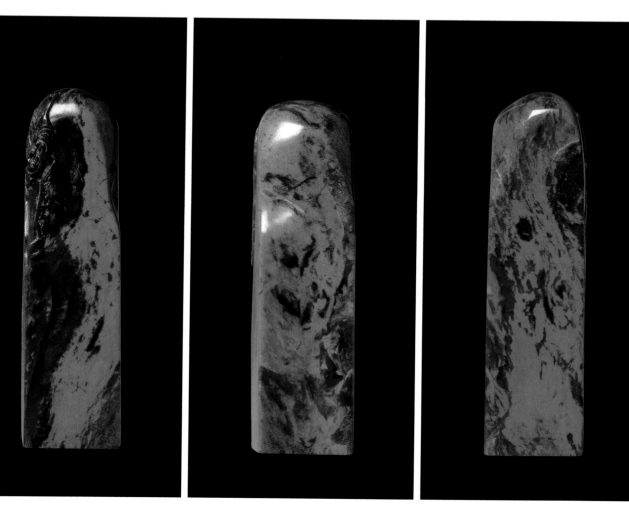

黄冻鸡血石印章

尺寸：1.4cm×1.4cm×5.7cm
重量：36.8g

随形印章

尺寸：2.5cm × 0.9cm × 5.9cm
重量：25.5g

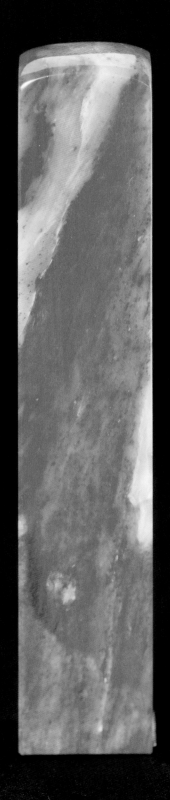

白冻鸡血石印章

尺寸: 1.3cm × 1.4cm × 7.5cm

重量: 37.8g

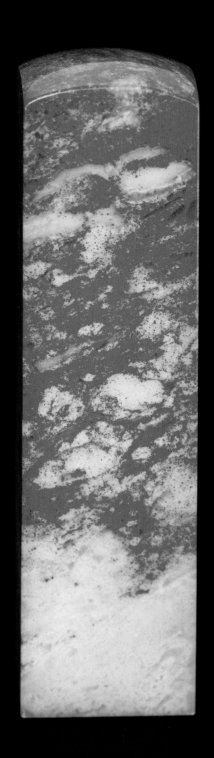

藕粉地鸡血石印章

尺寸: 2.1cm × 2.0cm × 8.0cm
重量: 59.8g

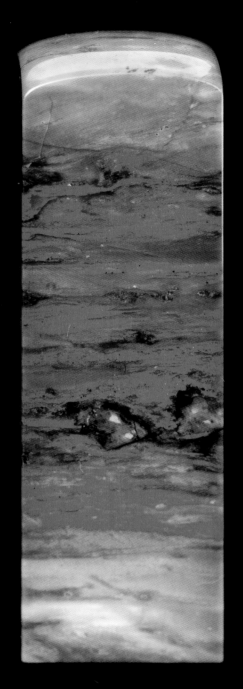

昌化鸡血石印章

尺寸：2.1cm×2.1cm×6.8cm
重量：84g

乌冻地鸡血石印章

尺寸：3.6cm×3.5cm×14.6cm

重量：52.5g

刘关张鸡血石印章

尺寸：3cm×3cm×10cm
重量：249.2g
刘关张重兄弟情，凤凰啼血暖人间。

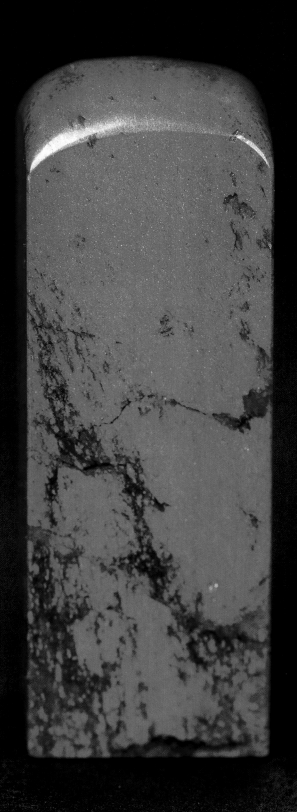

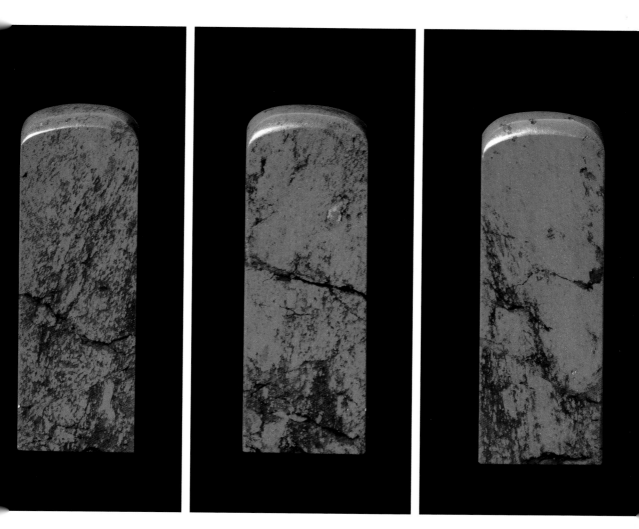

大红袍鸡血石印章

尺寸：1.6cm×1.6cm×4.5cm
重量：41.3g

大红袍鸡血石印章

尺寸：1.4cm×1.4cm×5.3cm
重量：34.7g

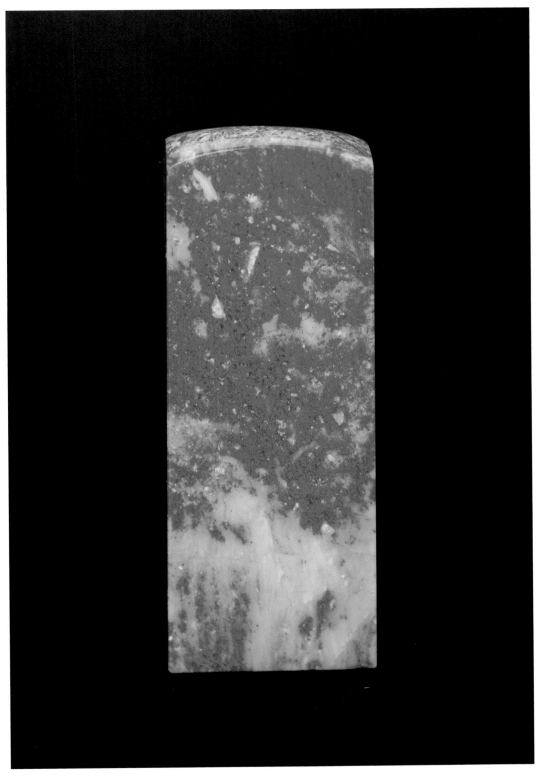

藕粉地鸡血石印章

尺寸：2.8cm×2.8cm×8.2cm
重量：178g

大红袍鸡血石印章

尺寸：1.8cm×1.8cm×7.2cm
重量：75.1g

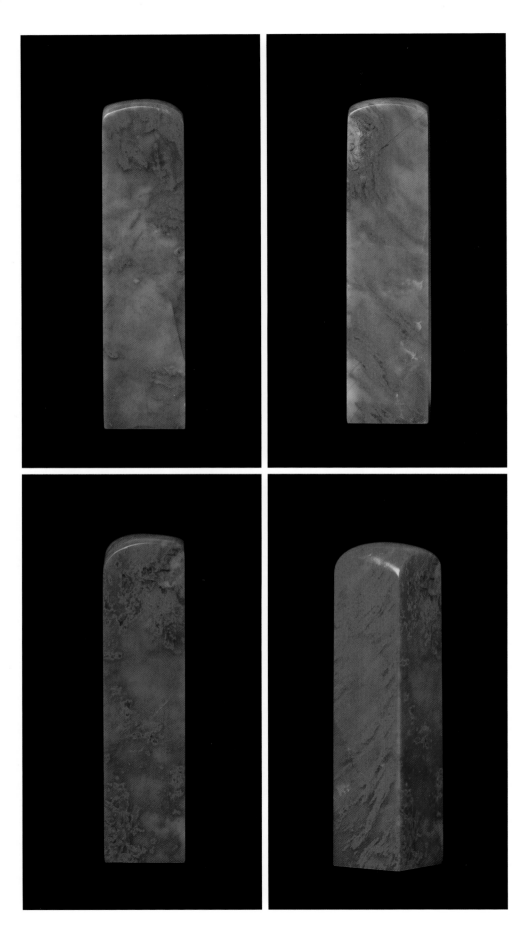

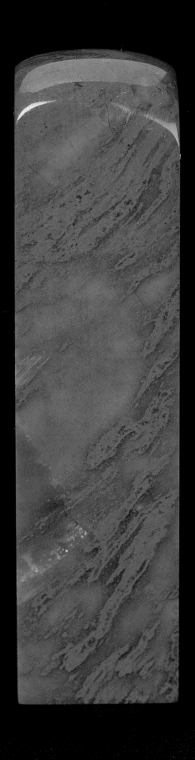

藕粉冻鸡血石印章

尺寸: 2.0cm × 2.0cm × 8.3cm
重量: 94.2g
于 1995 年 7 月 1 日拍卖，产
于玉岩山蚱蜢脚盘。名坑之品，
俗称"七月一号鸡血石"。

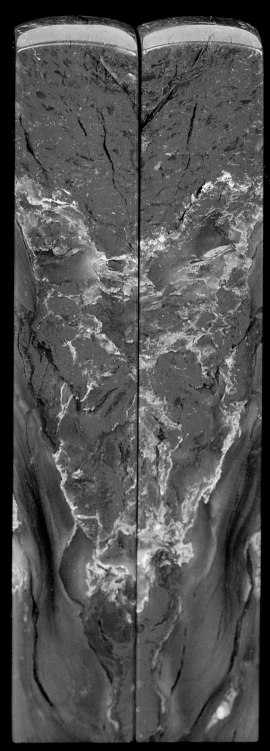

黄冻地鸡血石对章

尺寸：1.6cm×1.6cm×9.8cm（两方相同）

重量：74g

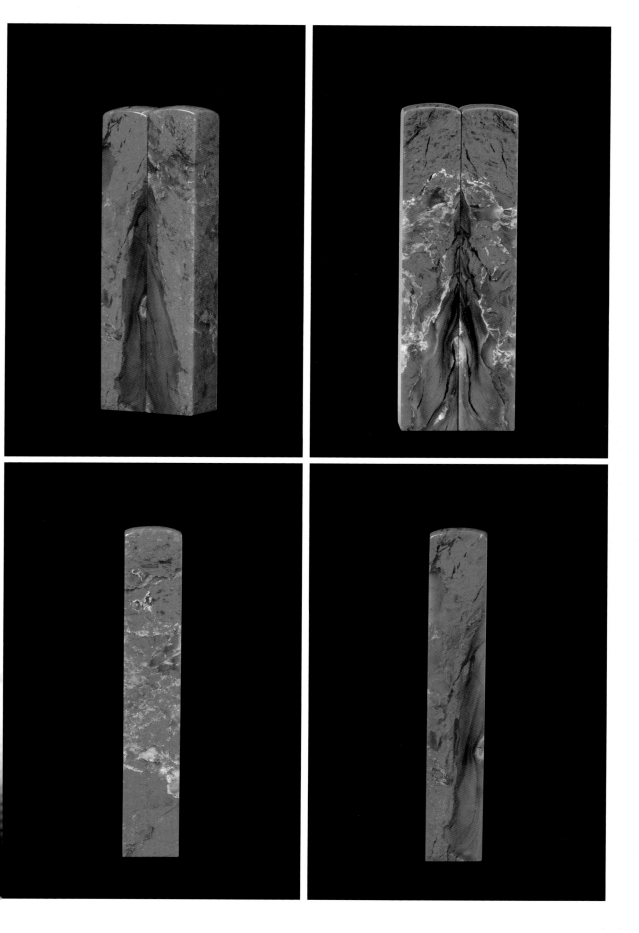

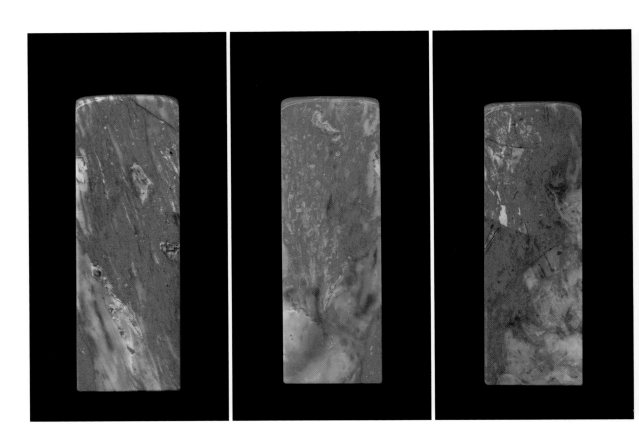

冻地鸡血石印章

尺寸：3.3cm×3.3cm×9.4cm

重量：259.2g

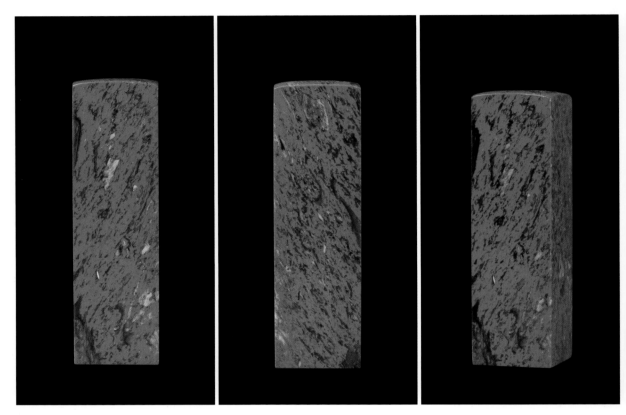

大红袍鸡血石印章

尺寸：2.5cm×2.5cm×8.6cm
重量：173.1g

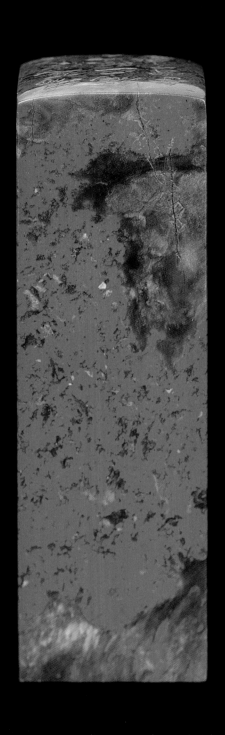

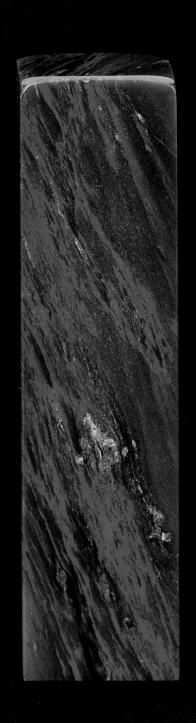

鸿运当头福在眼前
牛角冻鸡血石印章

尺寸：2.2cm × 2.2cm × 9.4cm
重量：125g

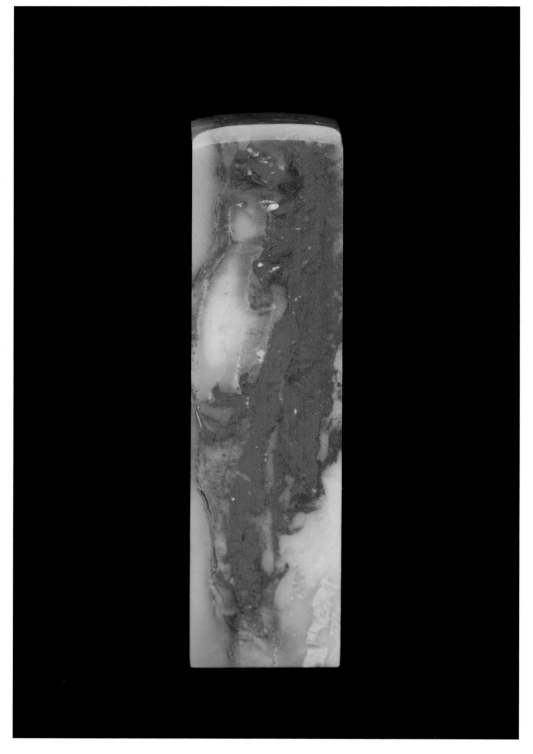

白玉冻鸡血石印章

尺寸：2.7cm×2.8cm×10.8cm

重量：220.7g

玲珑剔透，娇若芙蓉，美人面纱，笑靥如霞，

腻滑如脂，温润圆泽，光彩熠熠，灼灼其华。

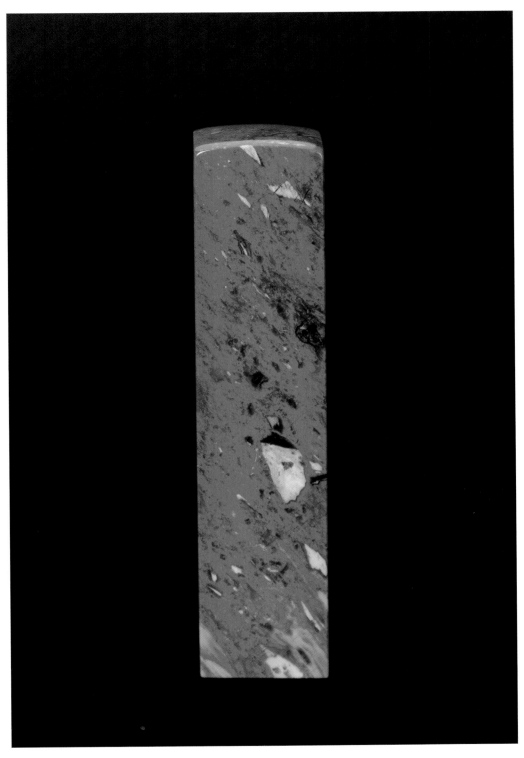

大红袍鸡血石印章

尺寸：2.8cm × 2.8cm × 12.4cm
重量：291.2g

大红袍鸡血石对章

尺寸：2.9cm×2.9cm×11.7cm（两方相同）

重量：316g

20 世纪 90 年代初期，玉山村民开采于蚱蜢脚盘。实属罕见大尺寸，血色浓艳，通体鸡血。

桃花红鸡血石印章

尺寸: 1.9cm × 1.6cm × 7.1cm
重量: 56.4g

玉红冻鸡血石大红袍鸡血石印章

尺寸：1.8cm×1.8cm×5.7cm

重量：51.5g

昌化鸡血石变化万千，20世纪90年代初期，老坑之石，质地细腻温润。此品种也称玉红冻鸡血石，属珍品。

乌冻鸡血石印章

尺寸：2.0cm×2.0cm×6.2cm
重量：73.2g

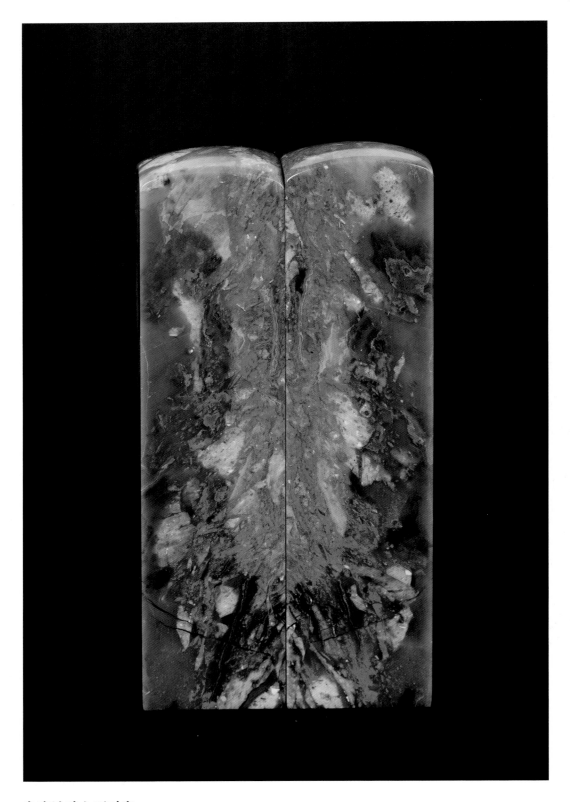

乌冻地鸡血石对章

尺寸：3.7cm×3.7cm×15.3cm（两方相同）

重量：559g

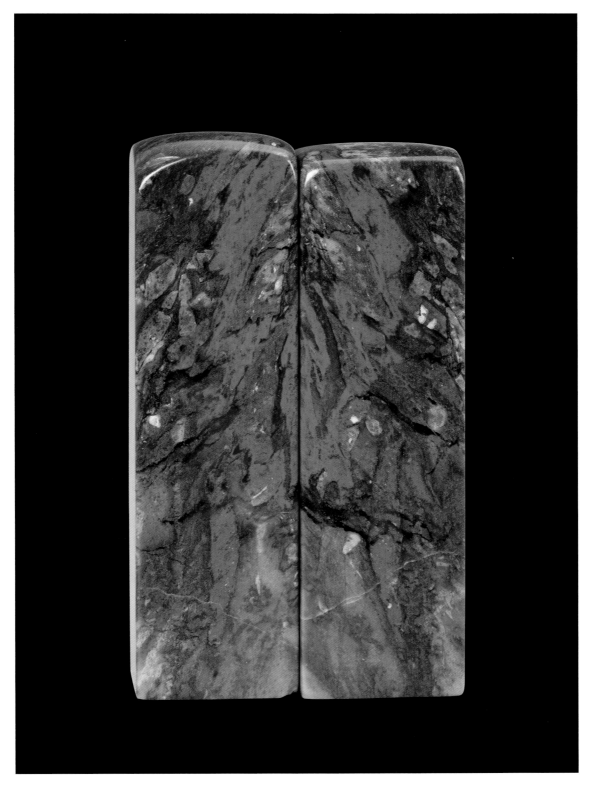

昌化鸡血石对章

尺寸：2.1cm×2.1cm×7.6cm（两方相同）

重量：107.6g

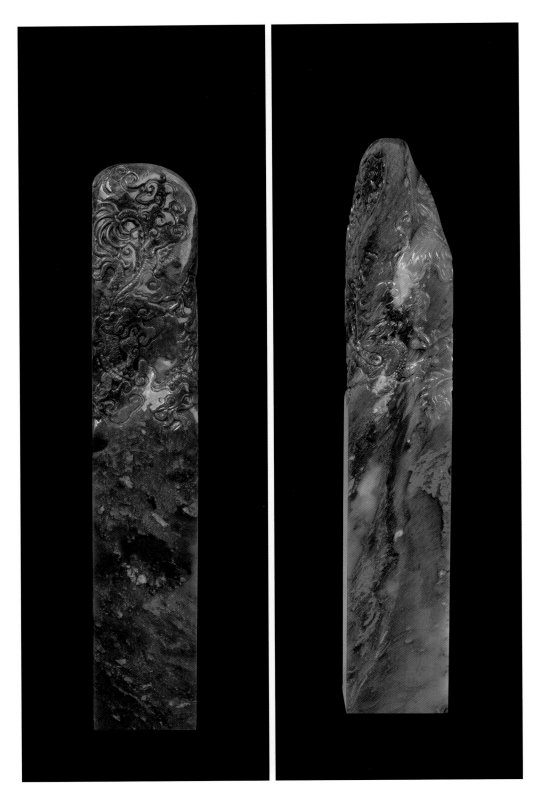

鸡血石印章

尺寸：2.4cm×2.4cm×13.9cm

重量：200g

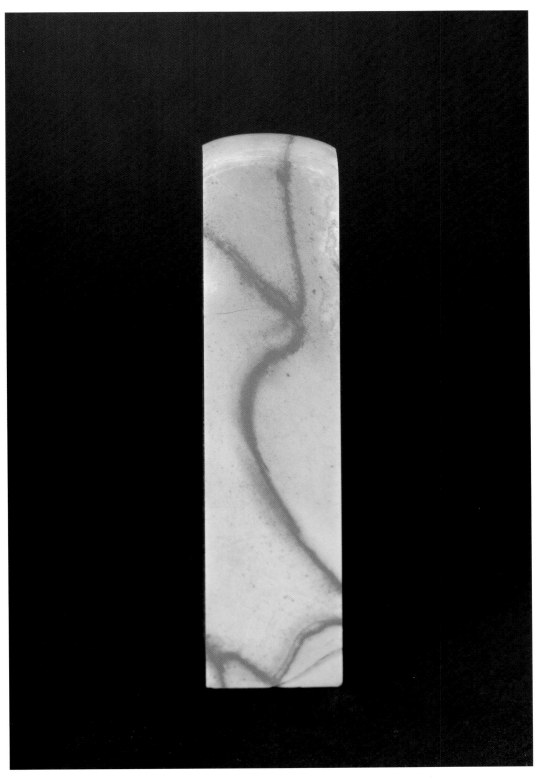

软地鸡血石印章

尺寸：2.0cm×2.0cm×8.9cm
重量：102g

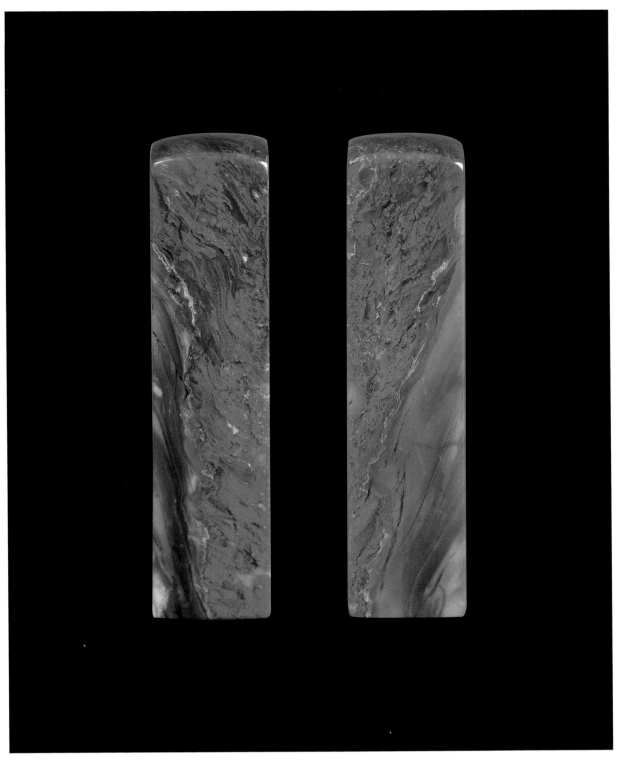

黄冻地鸡血石印章

尺寸：1.7cm×1.7cm×6.9cm
重量：54.5g
美如艳后，号称"国宝至尊"。

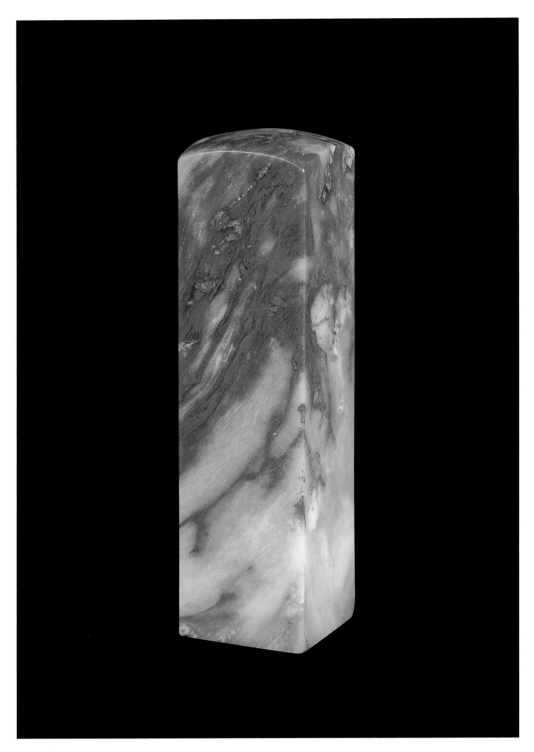

白玉冻鸡血石印章

尺寸：2.1cm×2.1cm×8.1cm
重量：96.7g

刘关张鸡血石印章

尺寸：1.9cm×1.9cm×7.6cm

重量：81.4g

20 世纪 90 年代产于老坑之品种，刘关张是指三
种不同的颜色，代表桃园三结义的可贵精神，同
时也是鸡血石之名品。

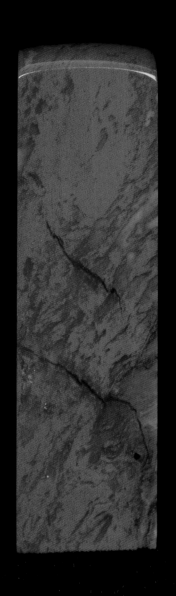
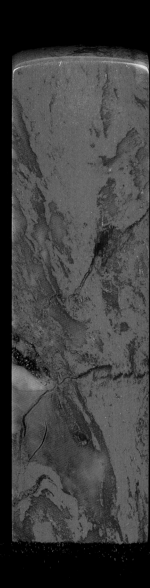

大红袍鸡血石印章

尺寸：1.9cm×1.9cm×7.1cm

重量：80.9g

顶级之物，血凝昌化吴越魂，印红中

国梦。

黄冻地鸡血石对章

尺寸：1.8cm×1.8cm×8.8cm（两方相同）

重量：83.7g

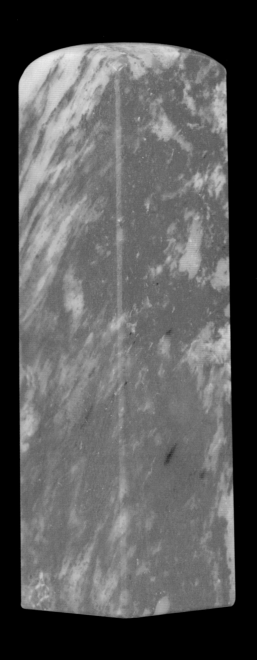

大红袍鸡血石印章

尺寸: 2.0cm × 2.0cm × 7.1cm
重量: 83.6g

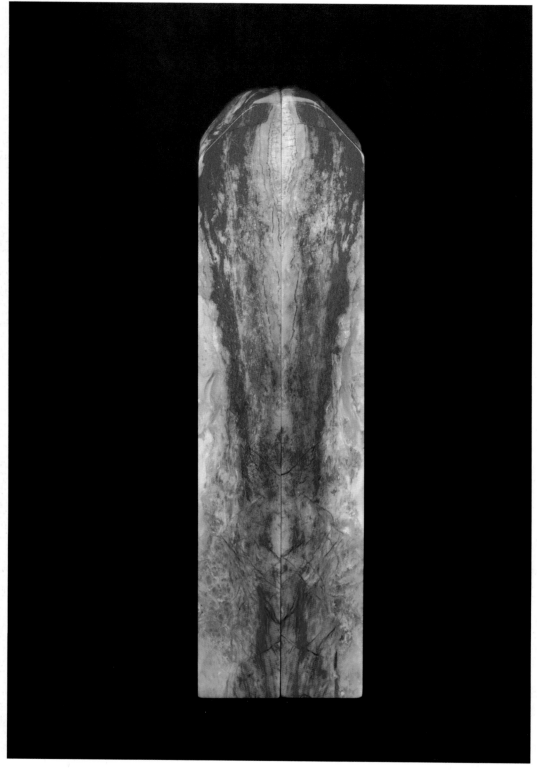

鸡血石对章

尺寸：2.5cm×2.5cm×20.0cm（两方相同）
重量：728g

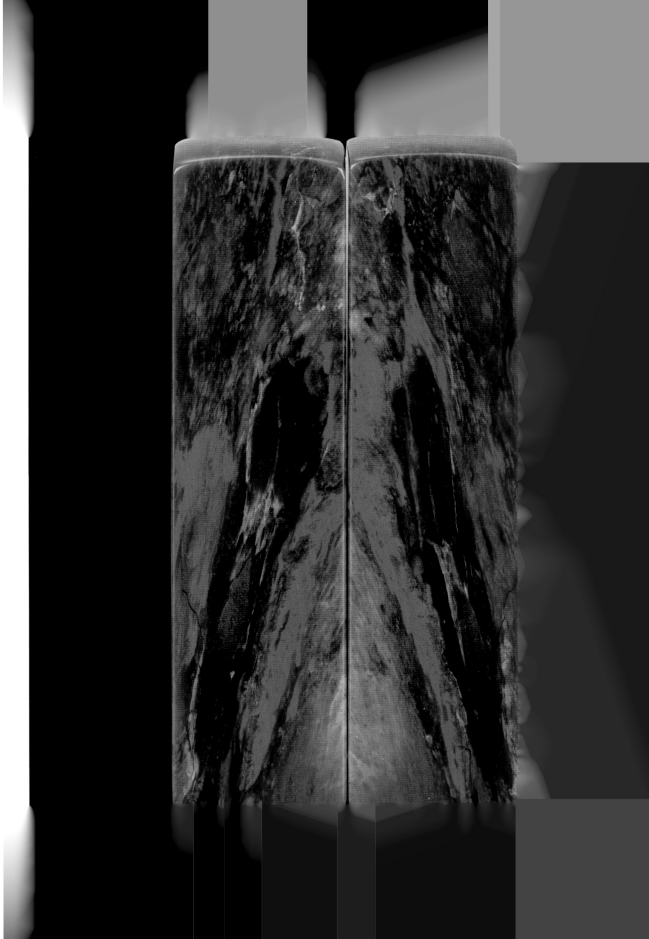

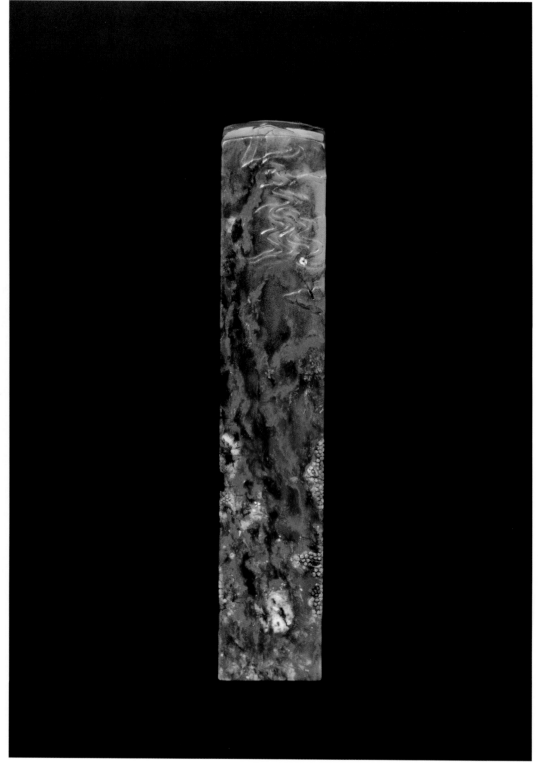

红遍江南

尺寸：2.5cm×2.5cm×14.8cm
重量：271.9g

小红袍鸡血石印章

尺寸：1.2cm×1.2cm×5.0cm

重量：23.1g

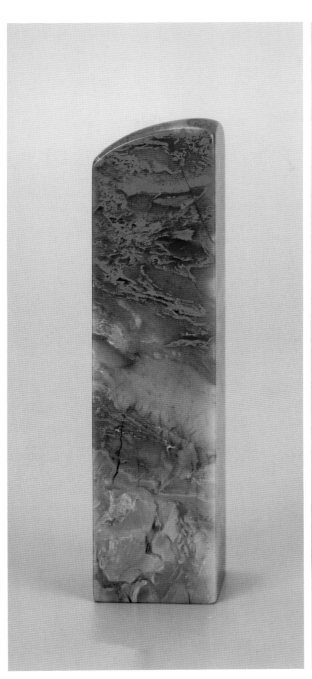
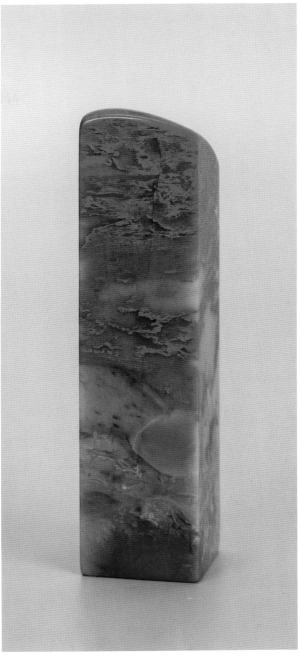

黄冻鸡血石印章

尺寸：2.7cm×2.7cm×10.9cm
重量：210.9g
天生丽质呈异彩，名石光辉八方映。

大红袍鸡血石印章

尺寸：2.7cm×2.7cm×8.6cm
重量：180g
艳压群芳夺瑰台。此品为"七月一号"
之名品，质地细腻，石性稳定，血色
浓艳，印章整体通红，实属罕见。

大红袍鸡血石印章

尺寸：3.1cm×3.1cm×8.2cm
重量：236g

大红袍鸡血石印章

尺寸：2.5cm × 2.5cm × 8.2cm
重量：94.5g

112

大红袍鸡血石印章

尺寸：4.0cm×4.0cm×14.3cm

重量：425g

"七月一号"之名品，形大血量多，实属难得。天公诚造化，一璞值千金。

乌冻鸡血石印章

尺寸：4.5cm×4.5cm×12.8cm
重量：696.3g

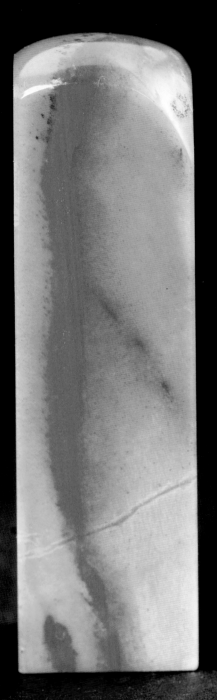

鸡血石印章

尺寸：1.9cm×1.9cm×6.7cm

重量：62.8g

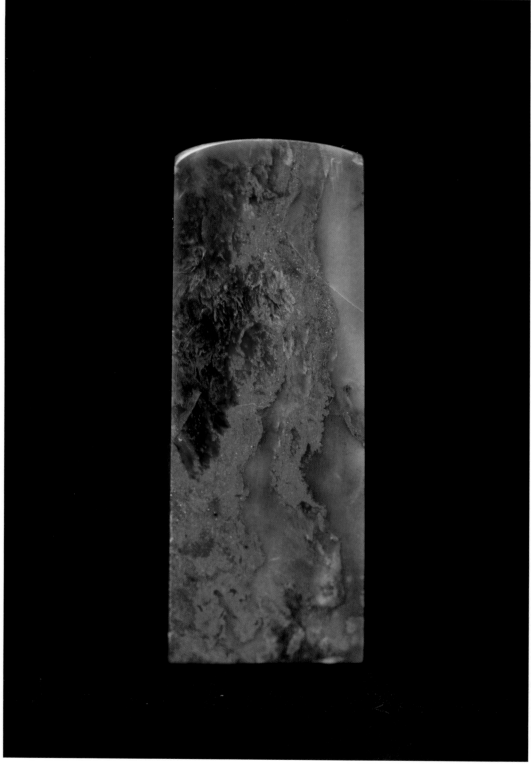

黄冻鸡血石印章

尺寸：1.5cm×1.5cm×4.6cm
重量：29.2g

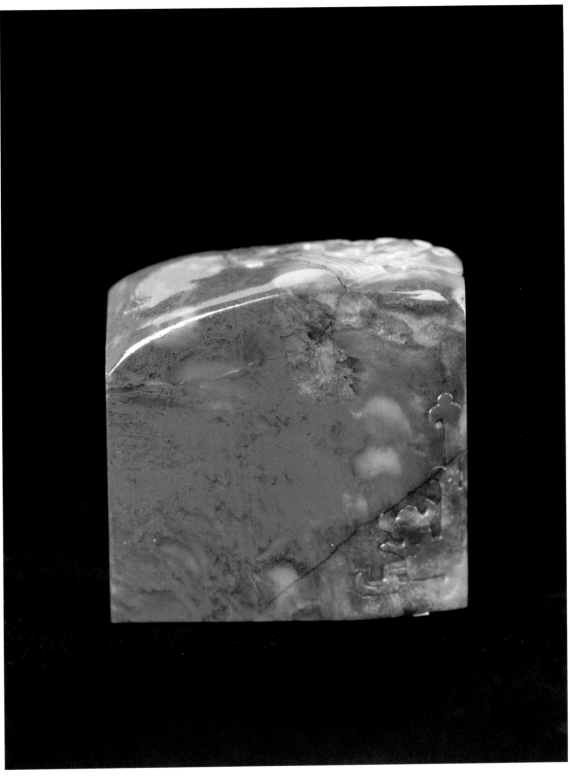

刚地鸡血石印章

尺寸：3.4cm×1.6cm×3.5cm
重量：55.3g

黄冻鸡血石圆印章

尺寸：Φ1.6cm×5.1cm
重量：31.3g

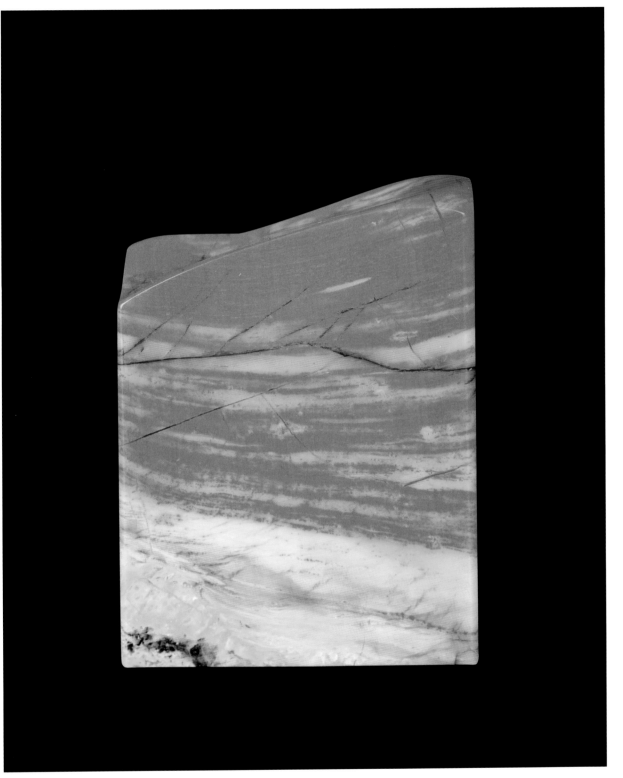

羊脂地鸡血石印章

尺寸: 5.9cm × 3.5cm × 8.1cm
重量: 386.3g

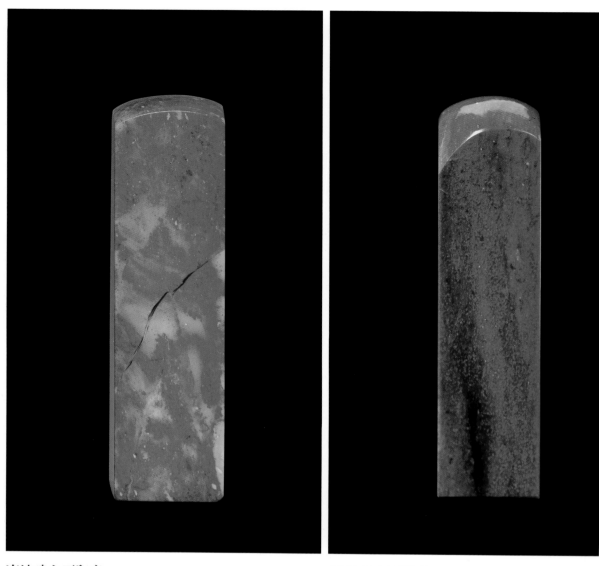

冻地鸡血石印章

尺寸：1.7cm × 1.7cm × 6.5cm
重量：54.7g

软地鸡血石印章

尺寸：2.0cm × 2.0cm × 8.2cm
重量：93.4g

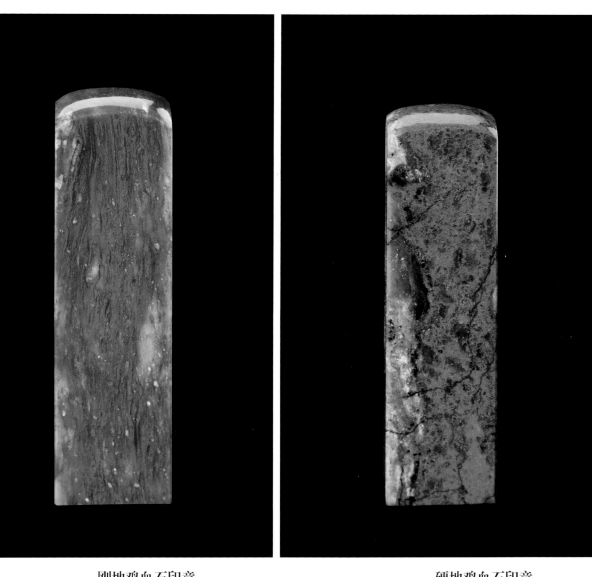

刚地鸡血石印章

尺寸：2.3cm × 2.3cm × 8.2cm

重量：93.4g

硬地鸡血石印章

尺寸：1.9cm × 1.9cm × 7.0cm

重量：77g

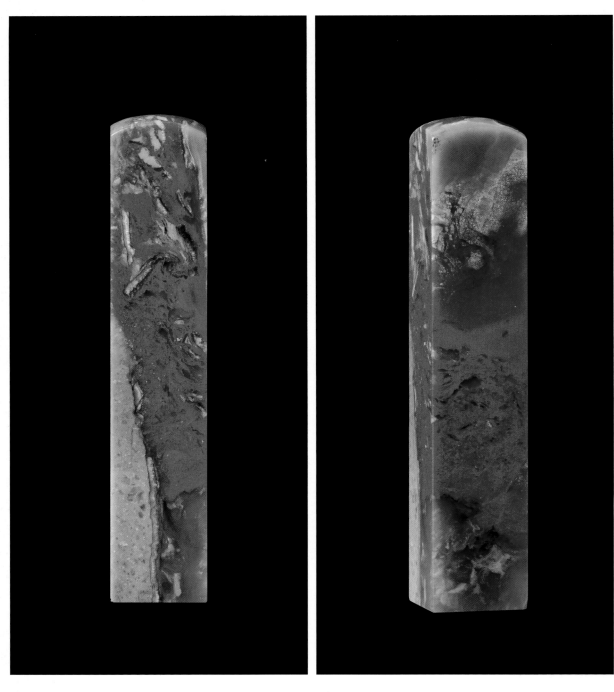

刚地鸡血石印章

尺寸：2.2cm×2.2cm×11.4cm
重量：153.7g

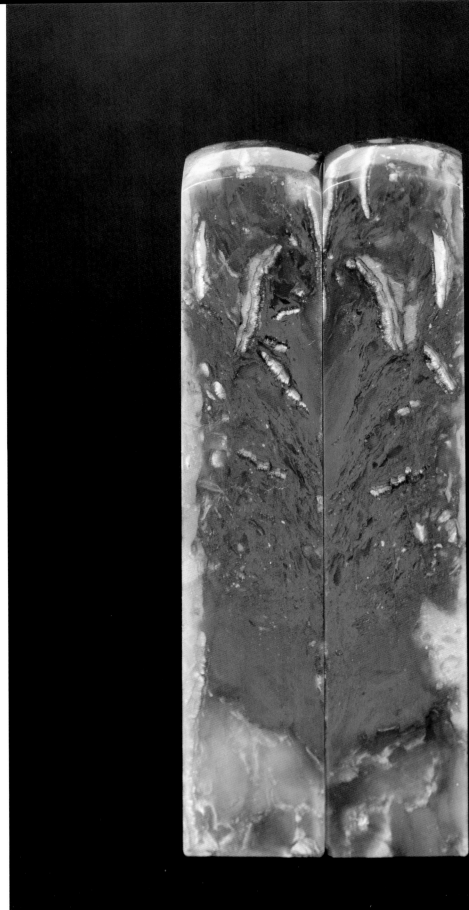

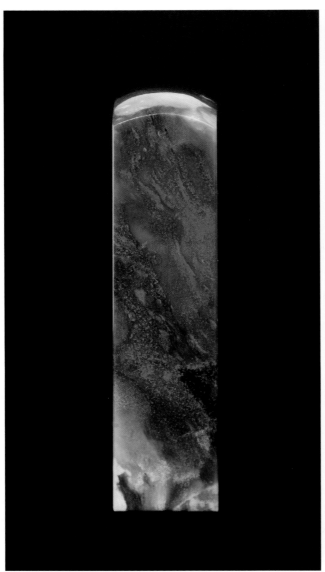

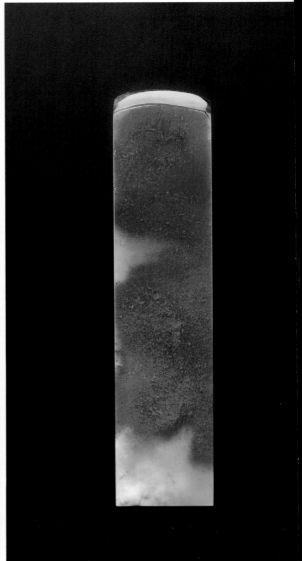

刚地鸡血石印章

尺寸：2.8cm × 2.5cm × 11.0cm
重量：243g

刚地鸡血石印章

尺寸：2.2cm × 2.2cm × 9.8cm
重量：142g

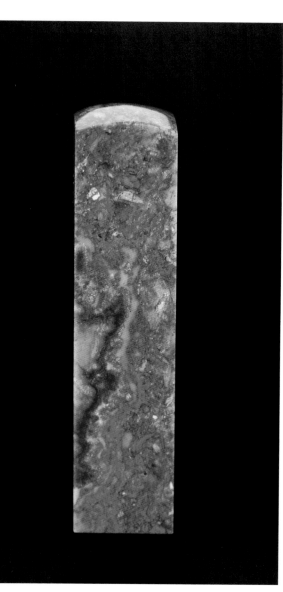

刚地鸡血石印章

尺寸：2.5cm×2.4cm×10.4cm
重量：189.5g

刚地鸡血石印章

尺寸：2.1cm×2.0cm×8.6cm
重量：131.1g

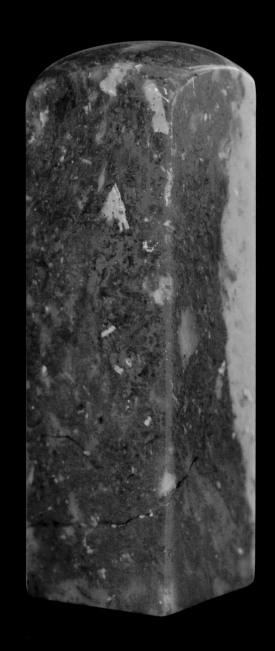

黄冻鸡血石印章

尺寸： 1.9cm × 1.9cm × 6.2cm

重量： 60g

老乌冻鸡血石印章

尺寸：2.2cm×2.2cm×8.0cm
重量：112.2g

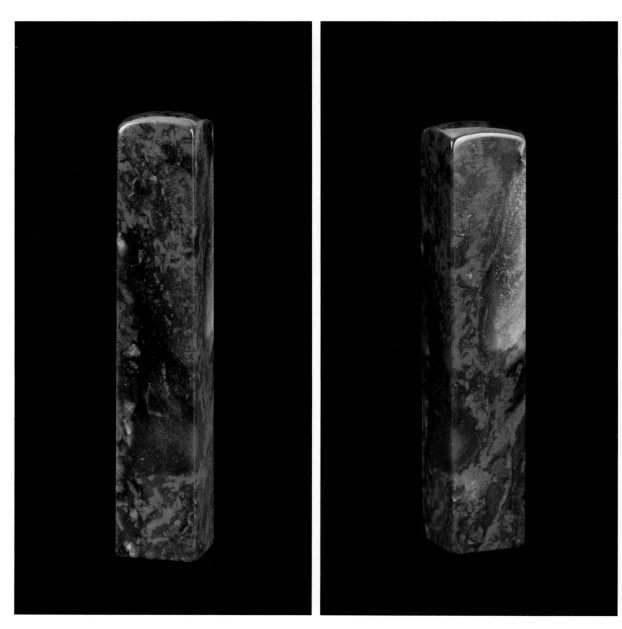

牛角冻鸡血石印章

尺寸：1.7cm×1.7cm×9.5cm
重量：82.7g

鸡血石对章

尺寸: 2.9cm × 2.9cm × 15.0cm（两方相同）
重量: 335g

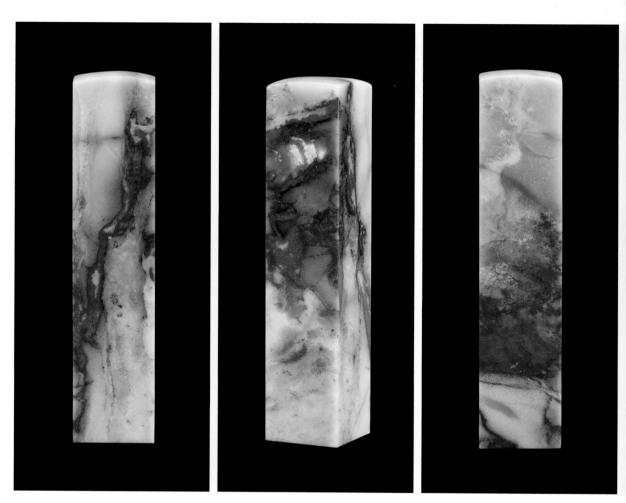

羊脂冻鸡血石印章

尺寸: 2.5cm × 2.5cm × 11.8cm
重量: 203.4g

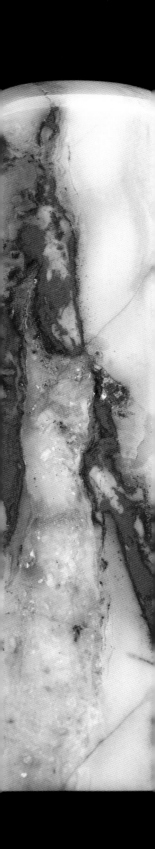

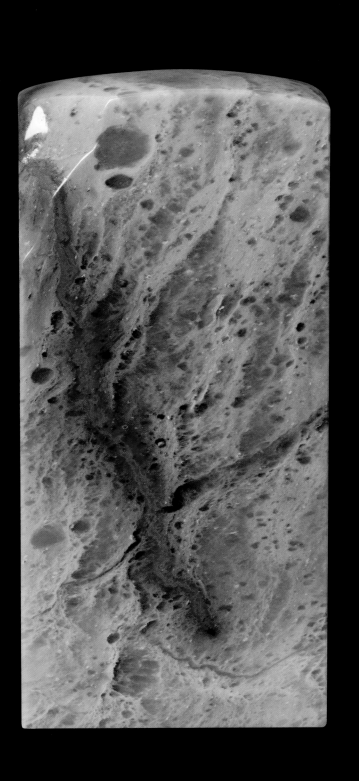

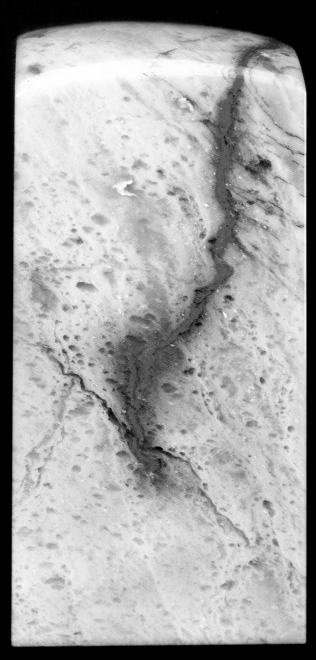

蜂巢冻鸡血石印章

尺寸：4.9cm×4.9cm×10.6cm
重量：707.9g

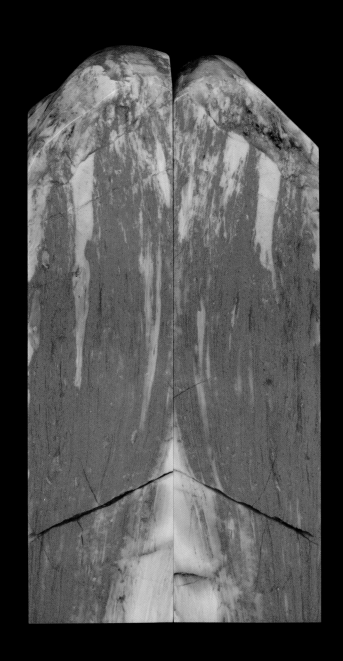

大红袍鸡血石印章

尺寸：3.4cm×3.4cm×12.9cm

重量：393g

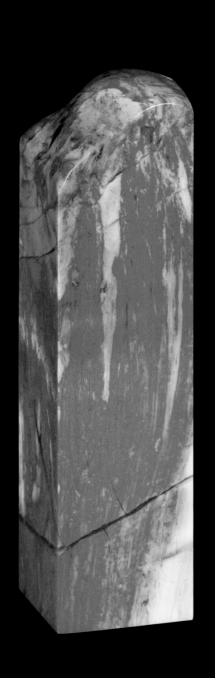

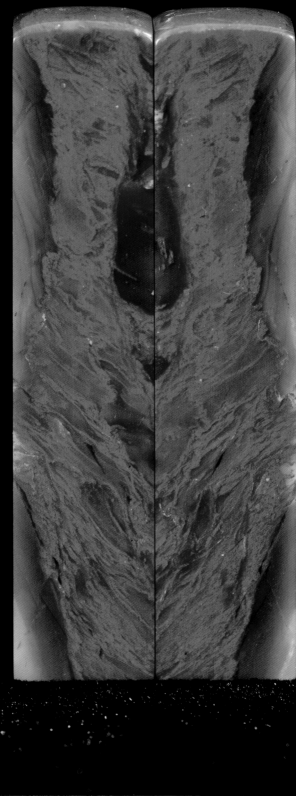

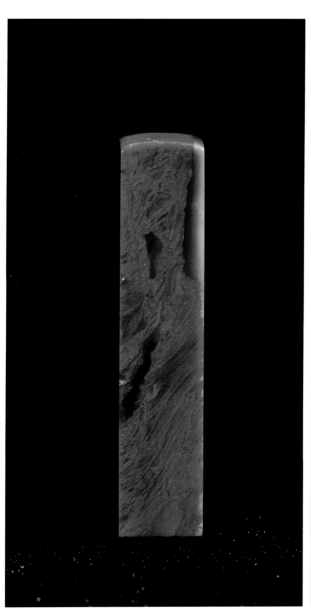
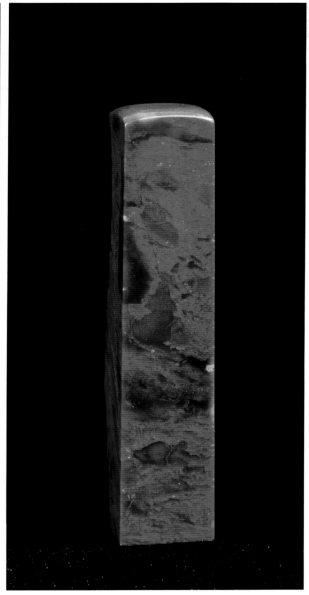

豆青冻鸡血石对章

尺寸：1.8cm×1.8cm×8.0cm（两方相同）
重量：138g

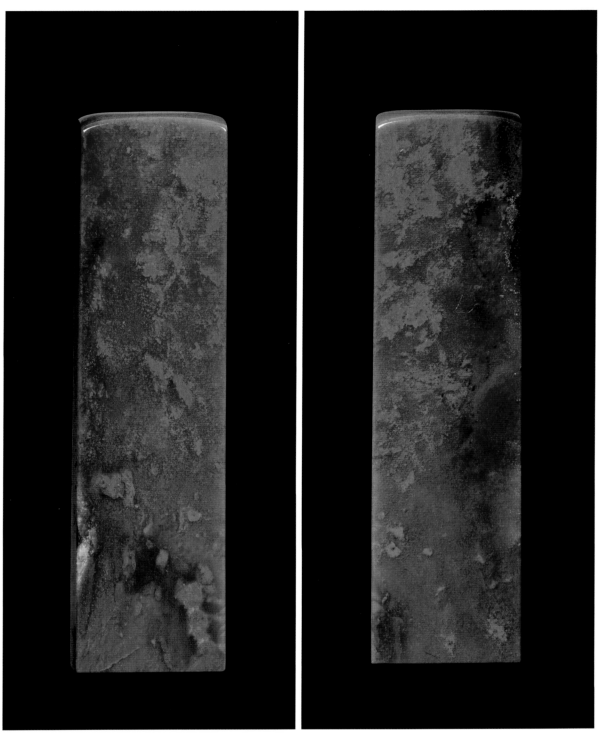

大红袍鸡血石印章

尺寸：1.7cm×1.7cm×6.8cm

重量：58.9g

老坑名品，石中之精华。一朝身披大红袍，君临天下皇后石。

老乌冻鸡血石印章

尺寸：3.5cm×3.5cm×10.9cm
重量：374.3g
日月精华凝聚昌化石，凤凰喋血染红
玉岩山。

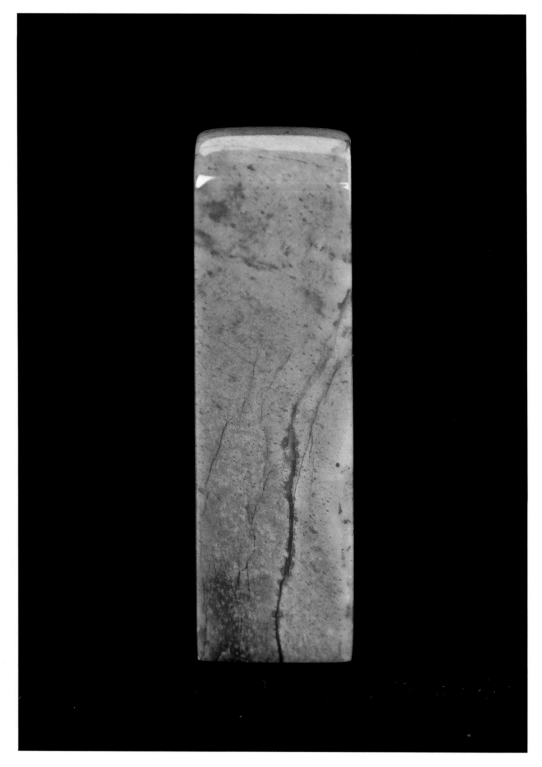

桃花冻鸡血石印章

尺寸：2.2cm×2.2cm×8.5cm
重量：118.8g

鸡血石对章

尺寸： 1.8cm × 1.8cm × 8.0cm
　　　 1.8cm × 1.8cm × 8.5cm
重量： 140g

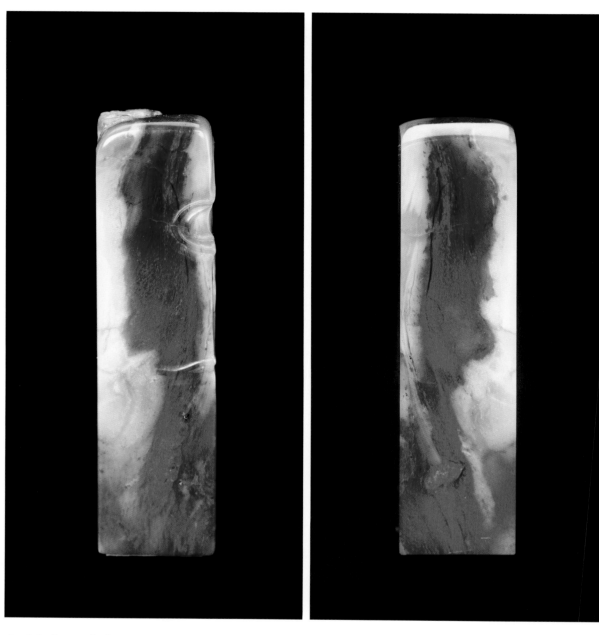

白玉冻鸡血石印章

尺寸：1.4cm × 1.4cm × 5.5cm

重量：31.3g

白玉冻鸡血石印章

尺寸：1.40cm × 1.35cm × 5.50cm

重量：27.6g

昌化大红袍鸡血石印章

尺寸：2cm×2cm×8cm
重量：93.3g

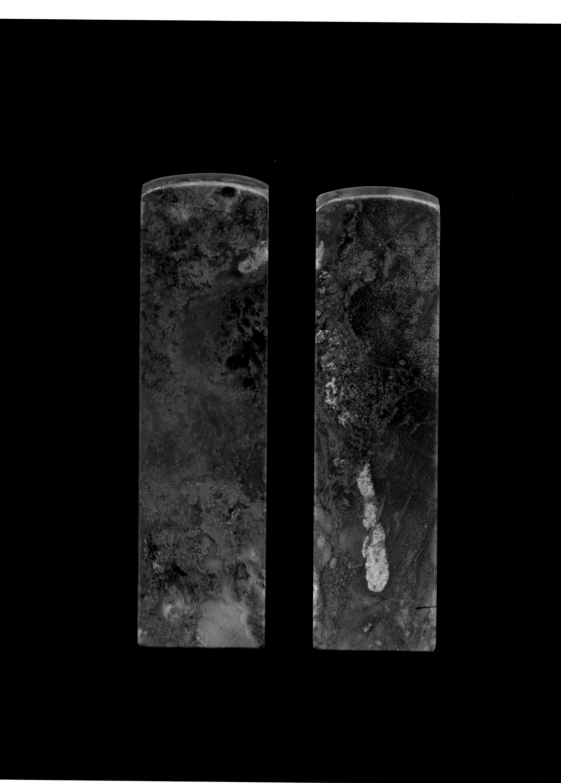

黄冻鸡血石印章

尺寸：2.2cm×2.2cm×8.5cm
重量：118.8g

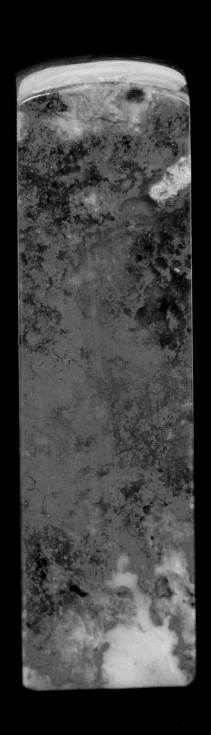

羊脂冻鸡血石印章

尺寸：2.4cm×2.4cm×8.2cm

重量：114.3g

丽质天生世所稀，千姿百态貌神奇。

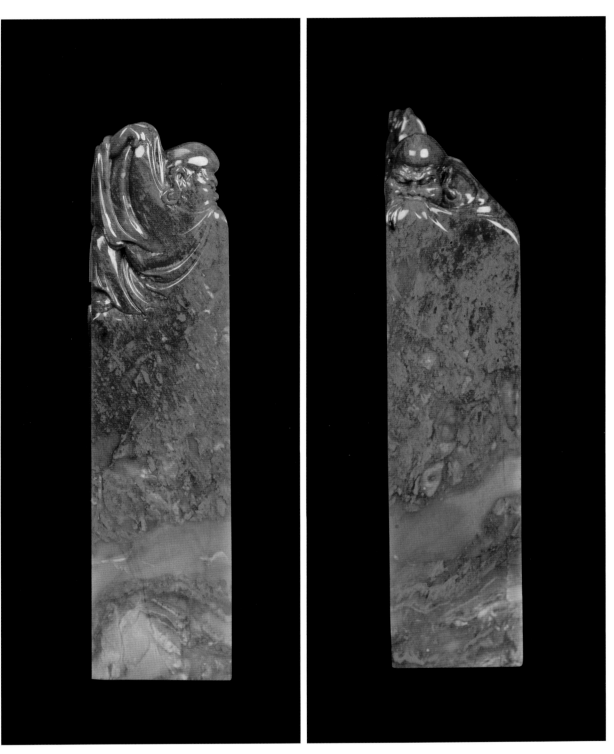

鸿福齐天昌化鸡血石印章

尺寸：2.5cm×2.3cm×10.4cm
重量：147.3g

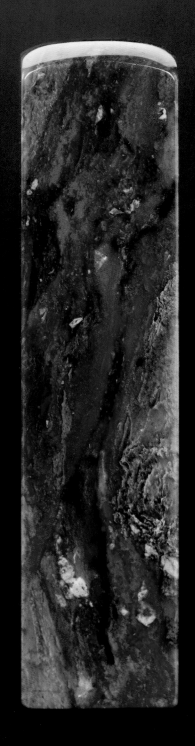

老乌冻鸡血石印章

尺寸：2.4cm×2.4cm×10.3cm
重量：162.8g

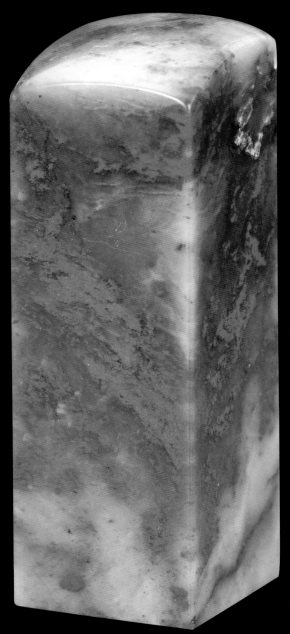

藕粉冻鸡血石印章

尺寸：2.8cm×2.8cm×8.3cm

重量：169.5g

洁莹如冻珀，细润若凝脂。

鸡血石对章

尺寸：2.6cm×2.8cm×11.8cm（两方相同）

重量：510g

黄冻地鸡血石印章

尺寸：2.8cm×2.8cm×7.5cm
重量：152g

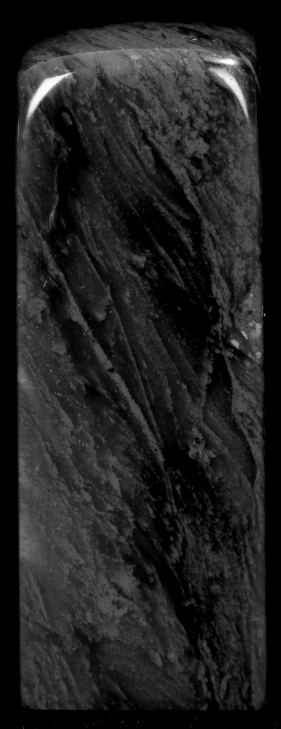

大红袍鸡血石印章

尺寸：1.7cm × 1.7cm × 4.8cm
重量：38.5g
灵由天地生，品性天下绝。

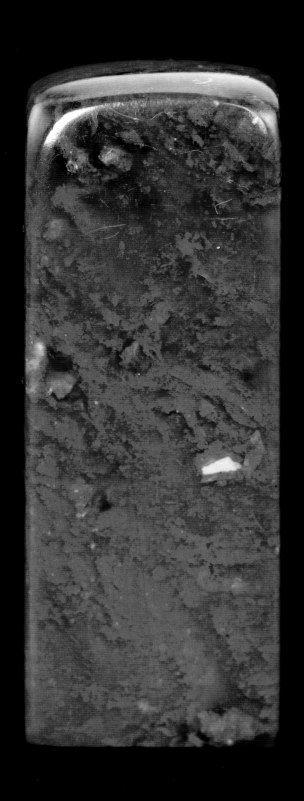

玉红鸡血石印章

尺寸：1.5cm × 1.5cm × 8.5cm

重量：47g

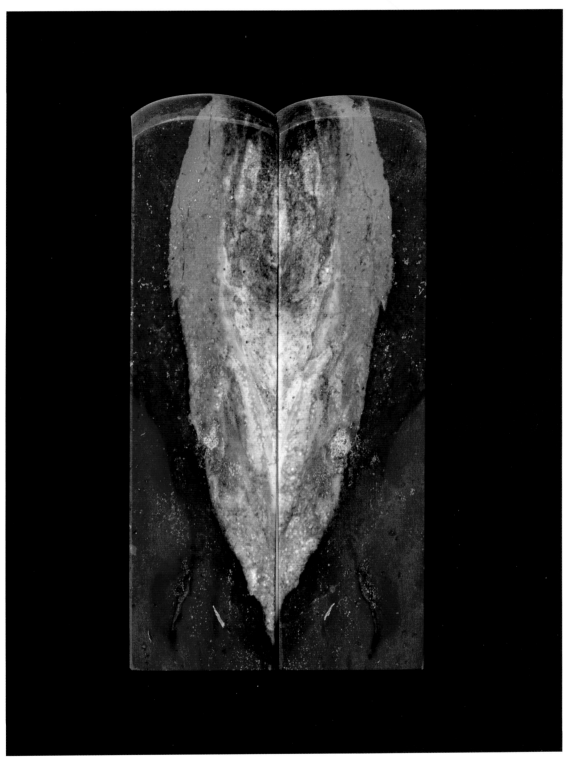

鸡血石对章

尺寸：2.8cm×2.8cm×11.5cm（两方相同）
重量：1701g

老乌冻鸡血石印章

尺寸：3.3cm×3.3cm×11.5cm

重量：366.6g

20世纪90年代初期，开采于老坑，质地、
石性、血色完美融合，属昌化石之极品。

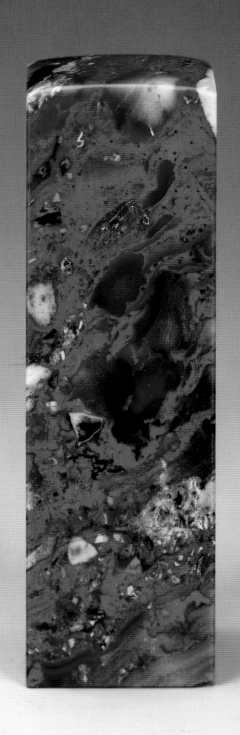

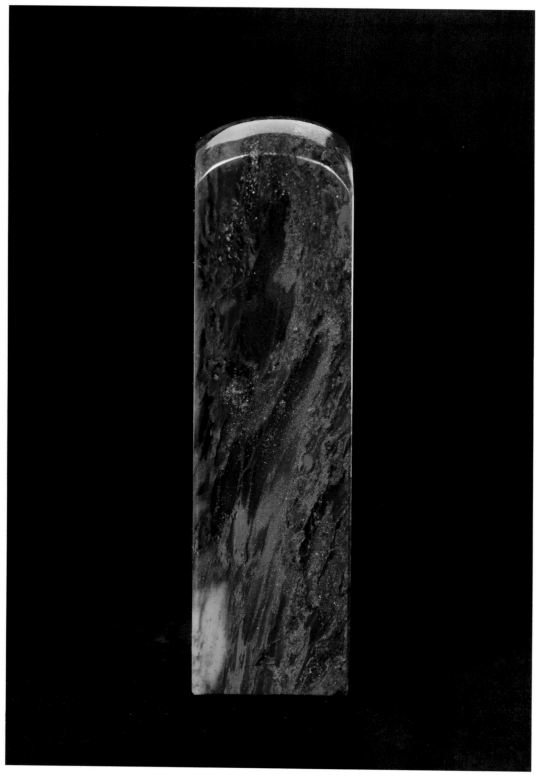

大红袍鸡血石印章

尺寸：1.9cm×2.0cm×7.3cm

重量：102g

洪福齐天鸡血石扁形印章

尺寸：4.6cm×2.9cm×7.5cm
重量：204g

系列组合鸡血石小型印章

尺寸：11.2cm×0.6cm×3.5~4.8cm 不等

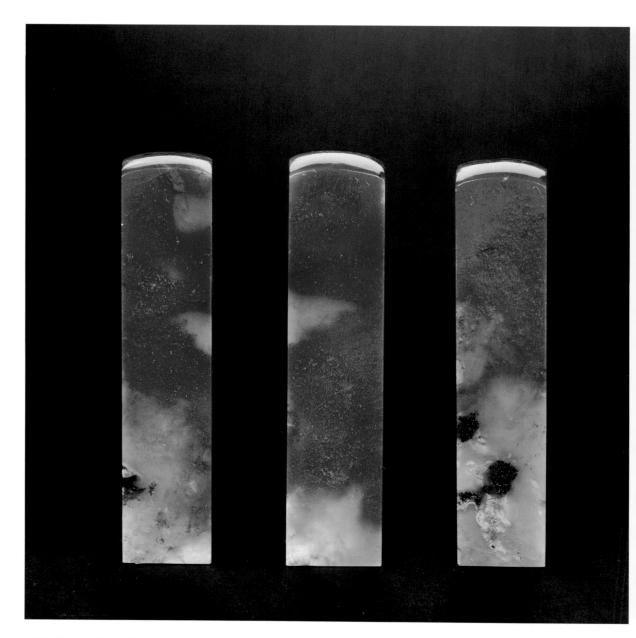

三联鸡血石刚地印章

尺寸：2.1cm × 2.1cm × 9.8cm
重量：128.0g
尺寸：2.1cm × 2.1cm × 9.8cm
重量：142.0g
尺寸：2.2cm × 2.2cm × 9.8cm
重量：125.8g

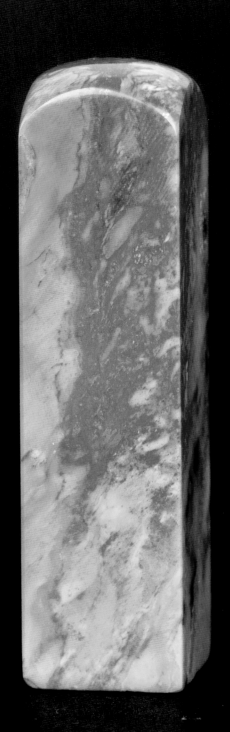

欢喜就好

（台湾）道明明篆刻

桃花红鸡血石印章

尺寸：3.3cm×3.3cm×7.0cm
重量：210g

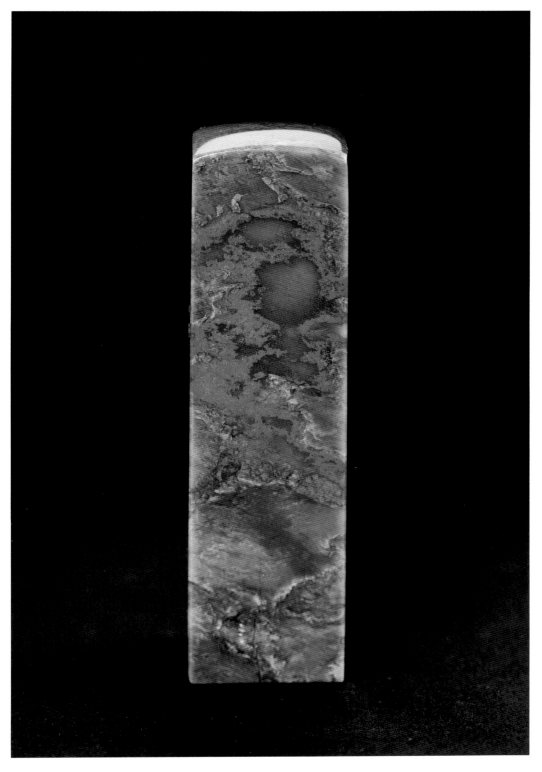

老乌冻鸡血石印章

尺寸：2.1cm×2.1cm×7.8cm
重量：96g
释美石之渊薮，抒艺术之惊艳。

藕粉冻鸡血石印章

尺寸：1.5cm×1.5cm×6.0cm

重量：34g

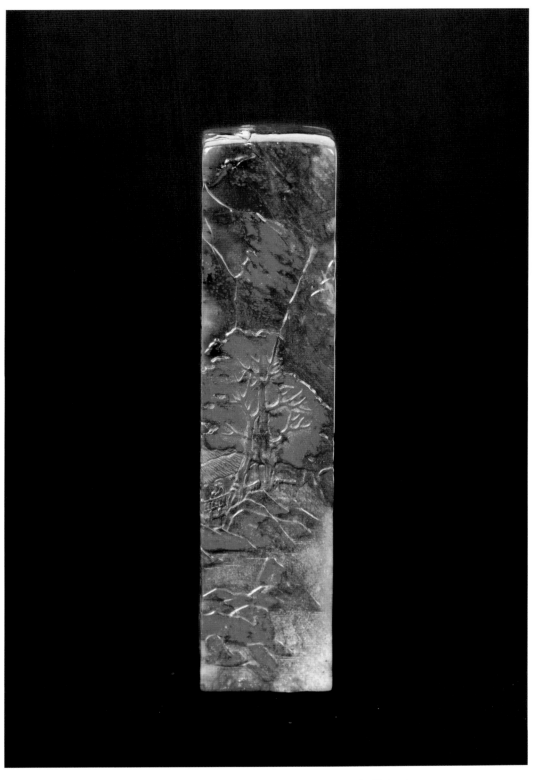

红遍江山

作者：石秀

尺寸：2.3cm × 2.3cm × 10.2cm

重量：147g

雪花冻（刚地）鸡血石印章

尺寸：2.1cm×2.1cm×8.3cm

重量：131g

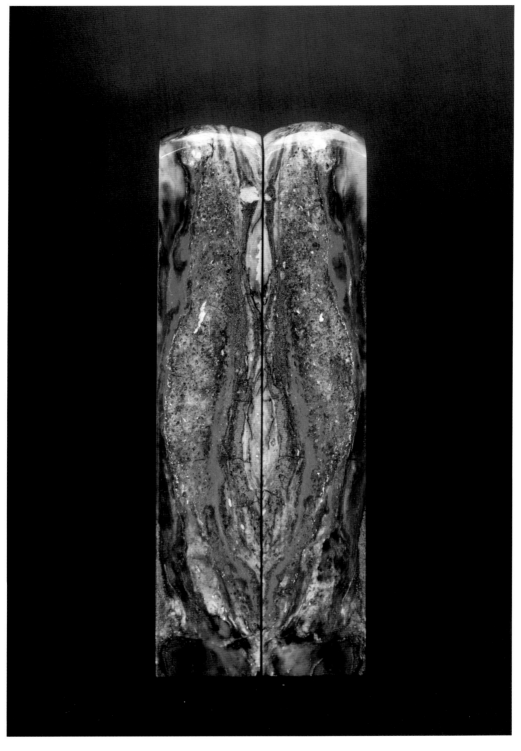

昌化鸡血石对章

尺寸：2.7cm×2.7cm×14.2cm〔两方相同〕
重量：593g
色彩丰富，纹理变化有趣，质地冻软刚硬皆有，
是罕见之极品。

冻地鸡血石印章

尺寸：2.1cm×2.1cm×8.0cm

重量：100g

品味极高，灵动间一抹红，无限大美，康
山岭精品鸡血石印章。

蛇皮花冻鸡血石印章

尺寸：2.9cm×3.0cm×13.0cm

重量：286.6g

玉岩山老坑，此作品纹理相互交错，错乱别致，灵动间又如蛇皮纹（蛇为小龙），更多一份祥瑞之气。

独占鳌头昌化鸡血石印章

尺寸：3.8cm×3.5cm×8.3cm

重量：310.7g

玉岩山蚱蜢脚盘洞口之物，印章型大完整，
质地细腻温润，血形纹理与作品内容相呼应，
极富流动之感，灵动有趣。

聚石堂

吴承斌篆刻

祥瑞之气鸡血石印章

尺寸：1.2cm×1.1cm×6.0cm

重量：26.9g

尺寸：1.0cm×1.0cm×6.5cm

重量：20.0g

鸡血石对章

尺寸：2.4cm×2.4cm×9.8cm（两方相同）

重量：302g

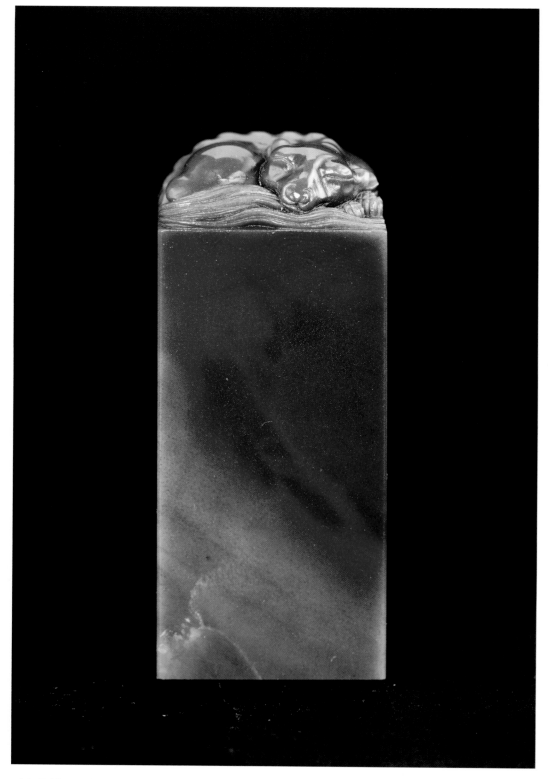

睡狸胭脂红鸡血石印章

尺寸：2.9cm × 2.9cm × 6.8cm

重量：140g

人生如意（鸡血石扁印章）

尺寸：3.5cm×1.4cm×7.4cm
重量：105.2g

神龙

尺寸：4.0cm × 1.1cm × 6.2cm
重量：108.7g

祥瑞之气（鸡血石印章）

尺寸：2.8cm×2.8cm×10.0cm

产于玉岩山康山岭头，20世纪
90年代早期开采。质地温润凝
结，血色艳丽。

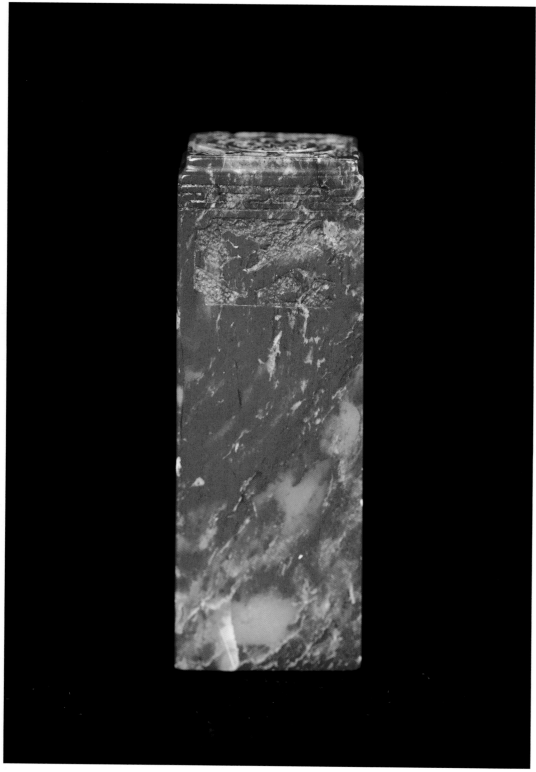

四方神兽鸡血石印章

尺寸： 1.8cm × 1.8cm × 5.3cm
重量： 48.9g

硕果累累大红袍鸡血石印章

尺寸：1.7cm×1.7cm×6.4cm
重量：54.5g

观音菩萨田黄鸡血石随形印章

尺寸：4.2cm×2.1cm×8.5cm

重量：163.8g

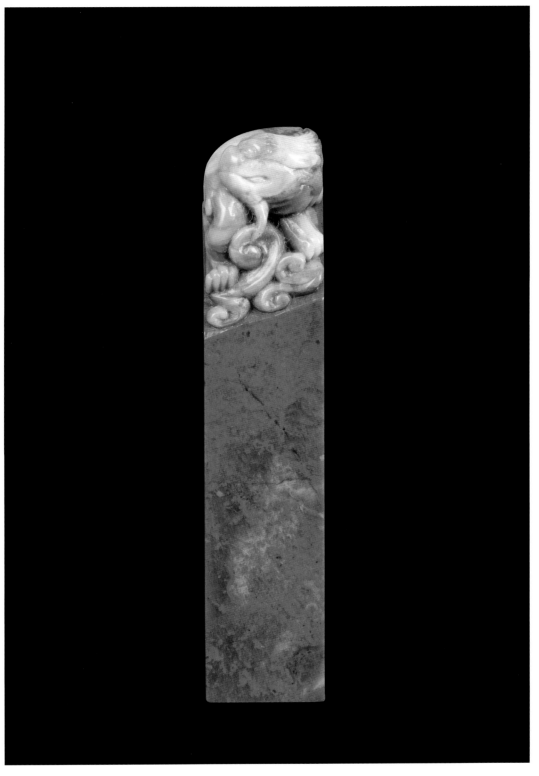

古狮呈祥鸡血石印章

尺寸: 1.1cm × 1.1cm × 5.7cm
重量: 19.6g

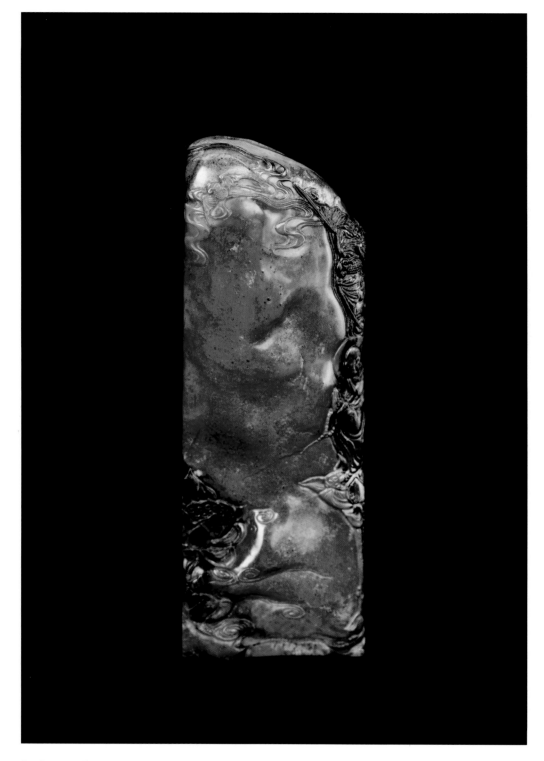

福朱砂冻鸡血石随形印章

尺寸：3.8cm×3.0cm×11.4cm
重量：302.5g

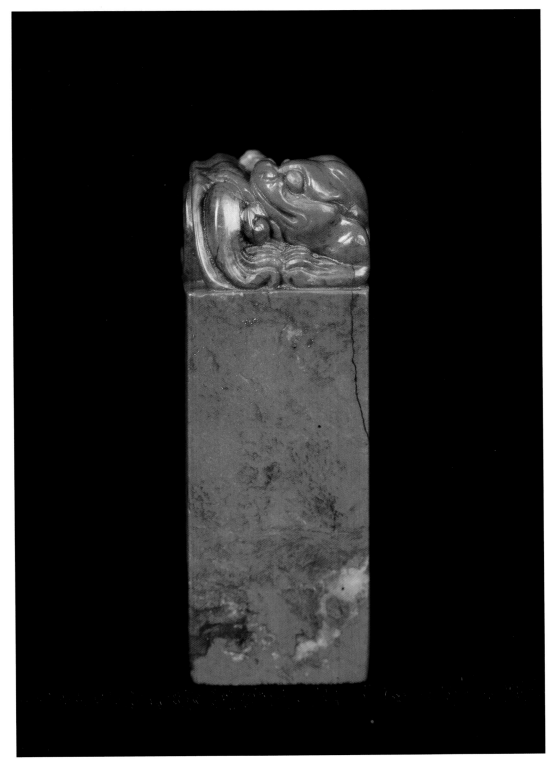

大红袍

尺寸：1.4cm × 1.4cm × 4.0cm
重量：22.4g
石出昌化，情动天下。

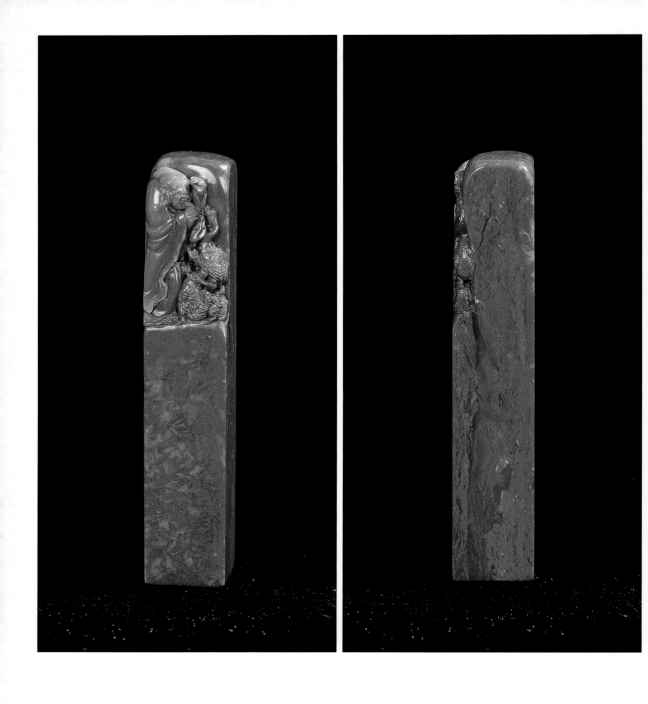

王羲之爱鹅大红袍鸡血石印章

作者：林飞
尺寸：1.6cm×1.6cm×9.1cm
重量：66.7g
石异育隽品，世上宝气映寰宸。

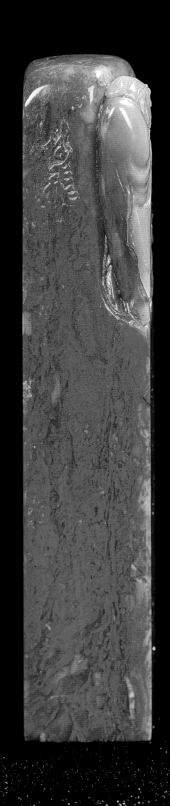

黄冻鸡血石印章

尺寸：2.0cm×2.0cm×8.5cm
重量：122g
产于玉岩山粗糠坞矿区，色彩艳丽，石质
略松，呈现的石斑纹理别有一番特色。

乌冻鸡血石印章

尺寸：2.1cm×2.1cm×6.8cm

重量：101g

老坑的品种，含辰砂较多，端方稳重。

赏梅图藕粉冻鸡血石印章

作者：石秀

尺寸：2.6cm×2.6cm×11.7cm

重量：215.8g

风道幽香出，禽窥素艳来。自有趣味之印章。

乐在其中乌冻鸡血石椭圆印章

尺寸：2.2cm×1.5cm×5.0cm
重量：33g

牛角冻鸡血石随形印章

尺寸：2.5cm × 1.5cm × 6.2cm

重量：55.7g

老坑之名品，自旋折以借势，舞风弄影，
赖细腻而神浓。

忆江南鸡血石随形印章

尺寸：5.0cm×2.2cm×6.0cm
重量：141.6g
江南好，风景旧曾谙。
日出江花红胜火，春来江水绿如蓝。
能不忆江南？

鸿运当头

尺寸：5.9cm × 3.9cm × 10.0cm

重量：536.5g

喜上梅梢

尺寸：3.5cm×1.8cm×7.2cm
重量：83g

松谷居贤

作者：潘克照
尺寸：9.5cm×4.5cm×13.2cm
重量：1178.8g

松龄鹤寿

尺寸：30cm×6cm×36cm
重量：5304g

金蟾献宝

尺寸：7.5cm × 11.5cm × 5.2cm
重量：651.9g

鸡血石原石

尺寸：11.7cm × 8.5cm × 24.8cm

重量：3619g

五子登科

尺寸：8.4cm × 2.1cm × 5.6cm
重量：124.7g

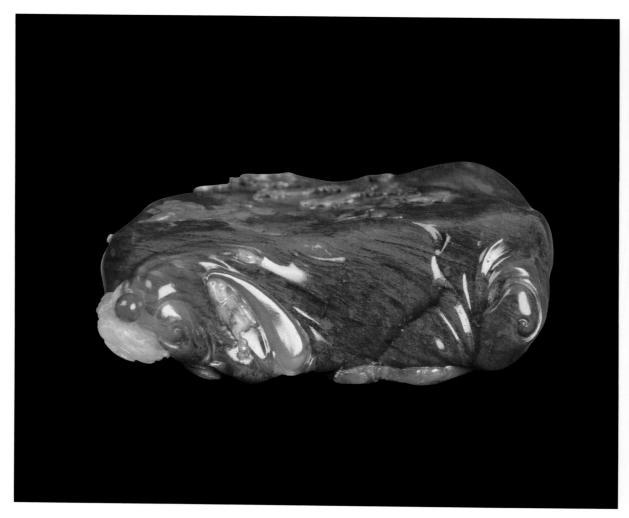

四方神兽

尺寸：6.0cm×7.0cm×2.2cm
重量：139g

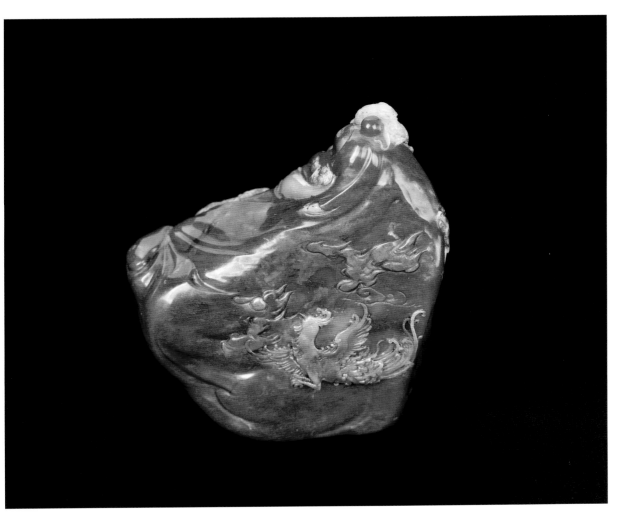

四方神兽田黄鸡血石手玩件

尺寸：6.3cm×2.0cm×7.3cm

重量：139.1g

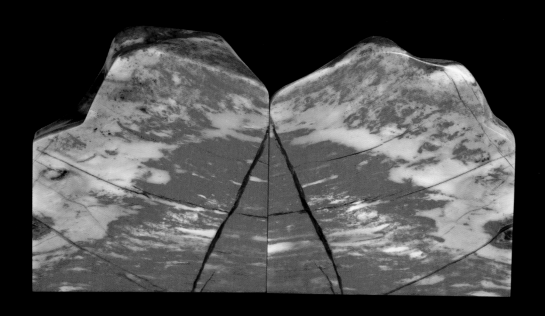

鸡血石大形印章

尺寸：6.3cm × 3.5cm × 7.0cm
重量：323.6g

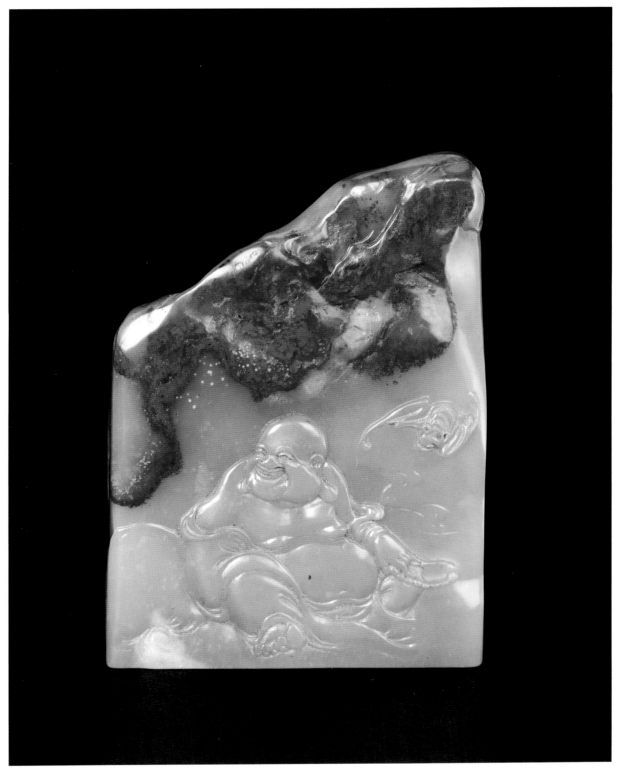

洪福齐天

尺寸：1.8cm×5.6cm×7.8cm
重量：165.6g

和谐鸡血石扁形印章

尺寸：4.5cm × 1.9cm × 7.0cm

重量：131.5g

鸿运当头

尺寸：9.2cm × 4.4cm × 6.3cm
重量：349.8g

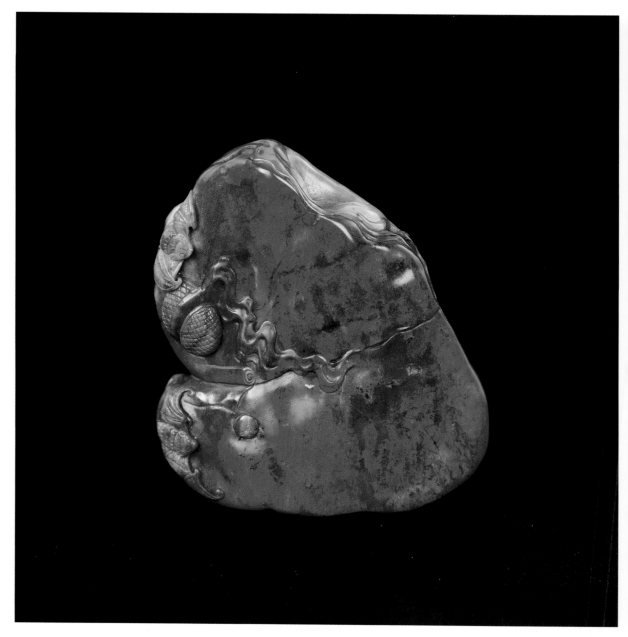

灵山之精华

尺寸：1.5cm × 7.0cm × 5.5cm

重量：106g

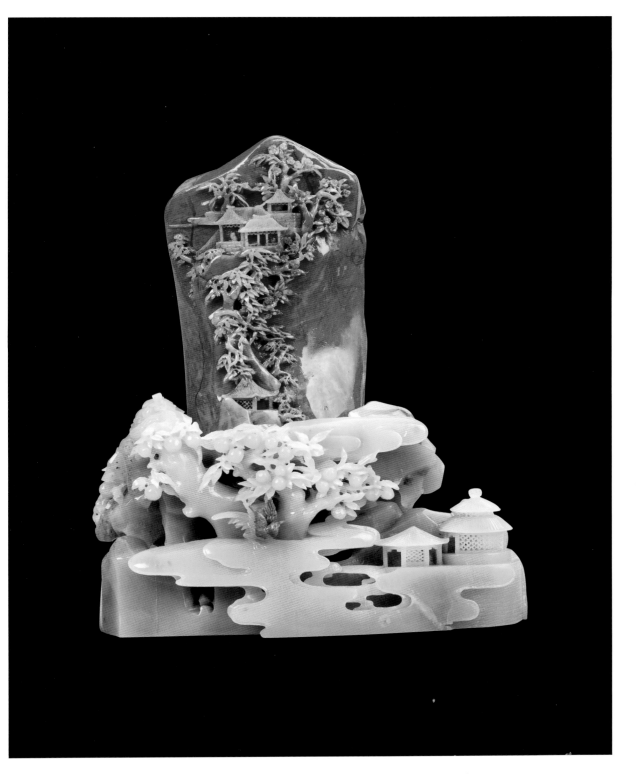

仙境

尺寸：10cm×6cm×2~3.5cm
底座：6.5cm×13.5cm×5.6cm
重量：131.5g

挂件

尺寸：2.8cm×1.6cm×3.5cm
重量：23.3g

福禄寿田黄鸡血石

尺寸：13.0cm×3.5cm×15.5cm
重量：575.7g

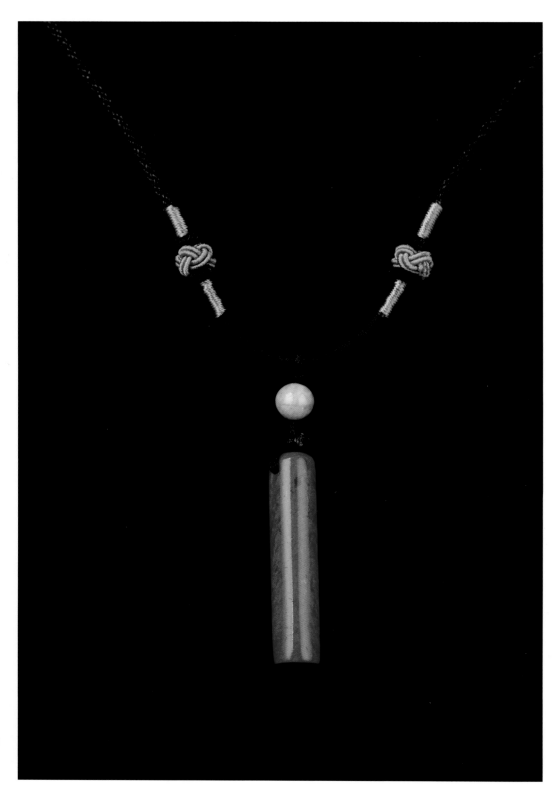

随身印

尺寸：Φ0.7cm×3.5cm
重量：5g

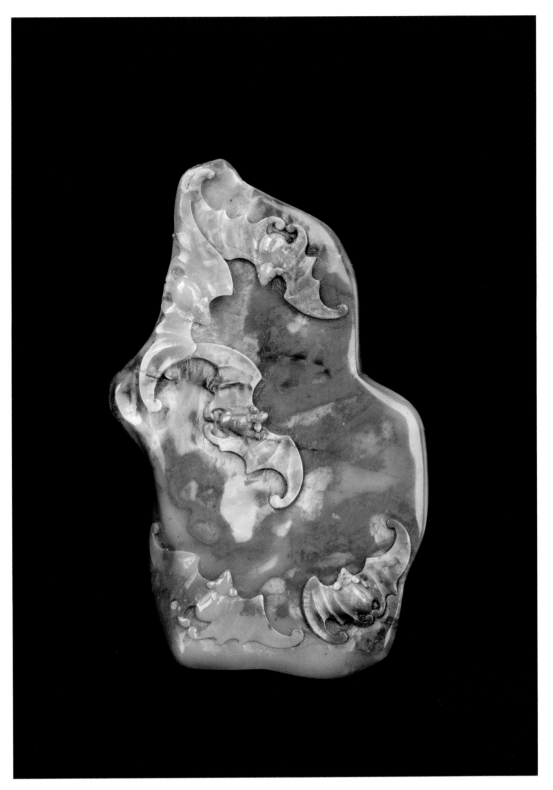

福鸡血石挂件

尺寸：4.4cm×0.8cm×7.3cm
重量：33.8g

节节高牛角冻鸡血石

尺寸：5.2cm×0.8cm×12.7cm
重量：88.6g
青紫如玳瑁，良可爱玩。

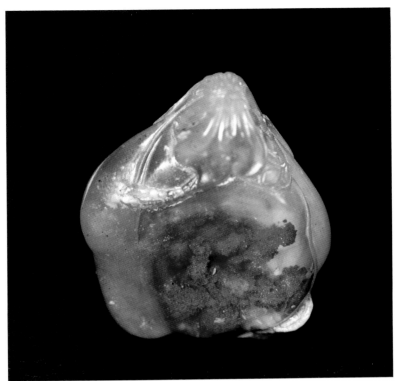

玻璃冻鸡血石印章

尺寸：3.0cm×1.5cm×3.5cm
重量：26.1g

十八罗汉田黄鸡血石

作者：吕庆杰

尺寸：6.7cm×4.5cm×9.8cm

重量：624.3g

吸天地灵气，田黄生辉百世其昌；

采日月华精，鸡血耀彩万年不化。

爱神田黄鸡血石随形印章

尺寸：3.8cm×3.8cm×9.2cm

重量：317g

田黄鸡血石也称"帝后合一"，结合作
者内容之意，给人一种美的感受。

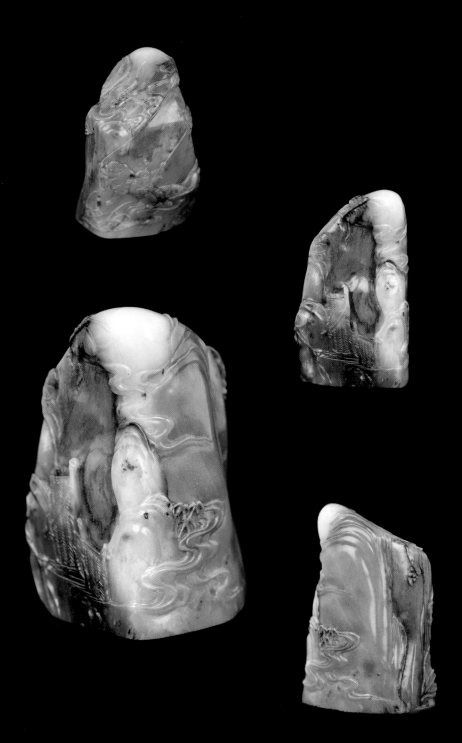

童趣田黄鸡血石

尺寸：2.8cm × 3.0cm × 5.0cm

重量：59.8g

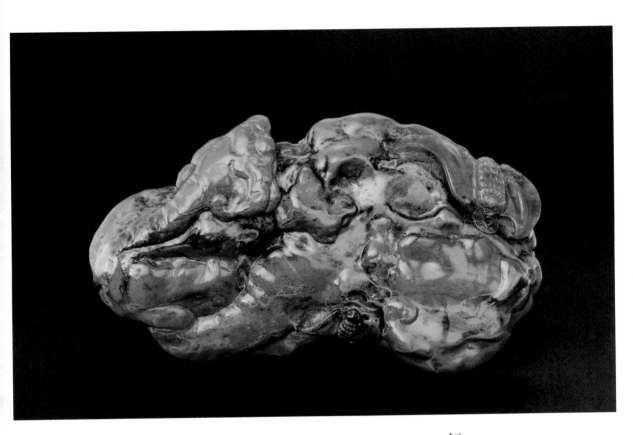

福

尺寸：5.5cm×1.5cm×10.2cm
重量：168.8g

年年有余

尺寸：1.0cm×3.3cm×5.0cm
重量：25g

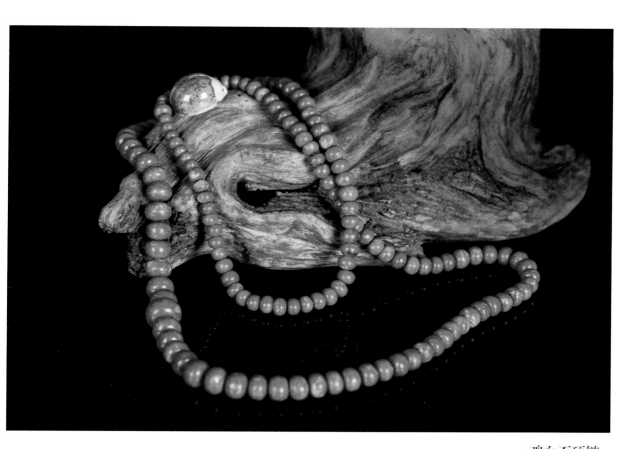

鸡血石项链

重量：39.4g

中国红 昌化石

金瓜子

重量：6g

水草鸡血石原石

尺寸：7.5cm×7.3cm×15.5cm
重量：1478g

荷大红袍鸡血石印章

尺寸：4.7cm×0.9cm×9.2cm

重量：96.1g

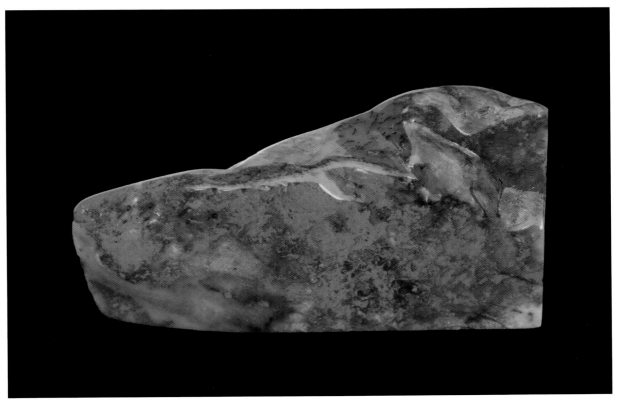

鸡血石随形印章

尺寸：9.8cm×2.7cm×5.0cm
重量：278.7g

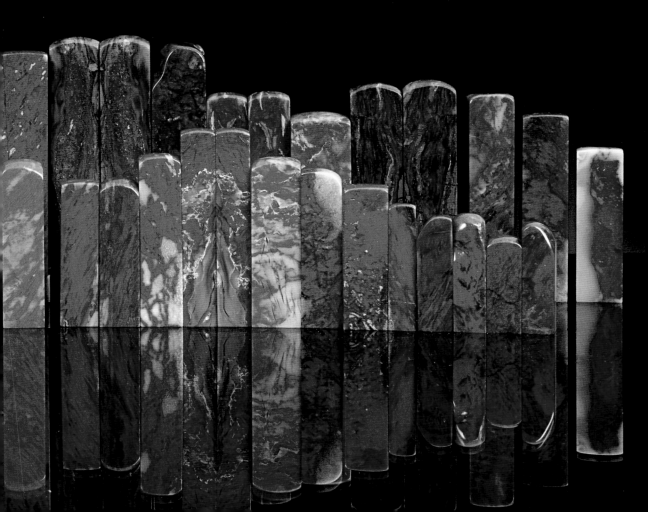

三吴都会　临安梦华

　　江南自古风流，人人皆知"上有天堂，下有苏杭"。江南历史悠久、物产富饶、风景形胜、文章通达，而临安乃至昌化的历史远比想象中更精彩深厚。

　　唐代垂拱二年（686），便在临安设置紫溪县。武周时代，紫溪县县治便是今日的昌化。及至清雅之世宋朝，临安（现杭州）则从江南一二等的风流之地一跃成为华夏上邦国都。

　　宋建炎三年（1129），南宋朝廷感念吴越国王钱镠纳土归宋对宋朝的功绩和对杭州的历史贡献，以其故里"临安"为府名升杭州为"临安府"。南宋绍兴八年（1138），定都于临安府（杭州）。《宋史》"高宗六"载："庚辰，帝不御殿。以方居谅阴，难行吉礼，命秦桧摄冢宰，受书以进。是月，虚恨蛮犯嘉州忠镇砦。是岁，始定都于杭。"

　　杭州有了临安府的新称，临安县则是其属县，府县同名。从此，北宋的富贵、南宋的绮丽便与临安有了不可割舍的缘分。

　　北宋著名词人柳永写道："东南形胜，三吴都会，钱塘自古繁华。烟柳画桥，风帘翠幕，参差十万人家。"临安的富庶与繁华不输开封。而南宋的临安更是"帝辇之下、百业云集、四海通商、人口膨胀"，被马可·波罗称之为"天朝"的南宋王朝，经济与文化在中国的历代王朝中达到了前所未有的高度，临安更是成了世界第一大都市。

　　在这里可以看到临安梦华、朝会簪缨，会看到金銮唱第、宝马雕车，会看到庭院深深、文人雅集，也可以体味"东风夜放花千树"的繁华和"蛾儿雪柳黄金缕"的盛景。

而临安人更将"风雅"当作生活态度，在调香插花、煮酒煎茶、琴韵悠悠、笔墨春秋里，文人风雅之趣达到了前所未有的巅峰。不知是江南富庶造就了临安的繁华，还是临安的繁华催生出江南的绮丽典雅，两者便是这样互相成就、水乳交融。

　　临安不仅有街市的繁华，更是富庶安稳的鱼米之乡。南宋绍兴三年，时任於潜（今浙江省杭州市临安区）县令的楼璹深感农夫、蚕妇之劳苦功高，绘制耕图 21 幅、织图 24 幅，也便是著名的《耕织图》。天子三推、皇后亲蚕、男耕女织，美丽安逸的"归园田居"图景便是当时临安农村的最佳写照。

　　临安区(县)名从西晋太康元年一直沿用，1949 年后，临安行政区划几经更迭，如今的临安区系原临安、於潜、昌化三县合并，而成为杭州的一颗明珠。

　　临安区域内的大明山，更是朱元璋的发迹之地，为大明王朝的崛起和统一奠定了坚实的基础。大明山原名日月山，相传元末朱元璋曾以游方僧的身份在大明山千亩田慧照寺生活过一段时间，并在此结识刘伯温，共商大计，聚众抗元。日月山的风光给了朱元璋众多领悟与启示。朱元璋如愿登上权力的巅峰后，他以"日月"合为"明"字，为自己的王朝定国号为"明"。同时他还下旨重建了慧照寺，并在大明山麓建了大明寺（慧照分院），"日月山"从此也就更名为"大明山"。

物华天宝　风景绝胜

临安物华天宝、矿藏丰富，除金、银、钨等金属矿藏之外，也盛产鸡血石、萤石矿、重晶石及石煤等珍贵矿产。得天独厚的地理资源更让临安特产享誉海内外，山核桃香脆浓郁，野山笋清香鲜美，还有茶叶、莫肉、银杏等特产，当得起"山珍"之名。

临安的珍藏产量不大却皆是精品，这也与江南的品格相符，精雅而极致，不以数量取胜，而追求最高的品质与境界，这何尝不是地缘与文化间的巧合。也或许是造物主冥冥之中的安排，而我也笃信人生的机缘，不仅仅是与生俱来的运势，更是对初心的坚持与信守，这种虔诚也能够让万事万物之间的联系变得更加紧密与深刻。

昌化曾是临安紫溪的县治，也是浙西山峦间美丽而又富饶的神奇宝地。昌化镇西的清凉峰海拔 1787 米，大明山风景优美，浙西大峡谷幽深绵长，瑞晶洞宏伟瑰丽，柳溪江与天滩蜿蜒其中。昌化镇北面是逶迤的武隆山，南面是潺潺昌化溪，东面的秀峰塔和南面的南屏塔遥遥对峙，隔溪相望。宋式的高塔在时光中巍然耸立，讲述着久远的历史和深厚的文脉佛缘。昌化，不仅独得水色山光之妙，也蕴含着独特的文化和丰富的资源。

自然造化　石出玉岩

　　玉岩山，位于北纬 30° 15′ 这个看似平凡的数字，其实蕴涵着地球上最为神奇与瑰丽的事物。沿地球北纬 30° 线前行，既有许多奇妙的自然景观，又存在着许多令人难解的神秘、奇异现象，存在着许多地球文明信息。

　　从地理布局大致看来，这里便是地球山脉的最高峰——珠穆朗玛峰的所在地。

　　世界几大河流，比如埃及的尼罗河、伊拉克的幼发拉底河、中国的长江、美国的密西西比河，均是在这一纬度线入海。

　　更加神秘难测的是，这条纬线贯穿世界上许多令人难解的著名的自然及文明之谜。比如恰好建在精确的地球陆块中心的古埃及金字塔群，令人难解的狮身人面像之谜，神秘的北非撒哈拉沙漠，达西里的"火神火种"壁画，死海，巴比伦的"空中花园"，传说中的大西洲沉没处，以及让无数个世纪的人类叹为观止的远古玛雅文明遗址，均出现在这个纬度之上。

　　玉岩山也因此成为浙西的矿藏宝库，周边矿产丰富、品位极高，其中便有萤石矿、钼矿、钨矿、稀土及氡温泉等。仿佛是上天刻意的安排，玉岩山起伏的山峦之间，亿万年的时光浸润，孕育出绝美而稀有的瑰宝——昌化鸡血石。烟云离合，崖壁屹立，出产昌化石之所称为"十八都"。两座山峰中有山道，山中男女老幼耕作于此，也算是人间难得的世外桃源。

　　在《昌化石赋》中，昌化石的孕育开采及风采被赋予了精彩绝伦的文字："至若昌化奇石，肇始于混沌，滥觞于鸿蒙。啜紫府之玉馔，啖瑶池之琪英。阆苑奇葩，红尘之尤物；蓬莱精髓，宇内之娉婷。铄八荒而耀日，灿四野以钟情。瘗玉埋香，多少芳菲之景；邀星请月，无限锦绣之形。浑厚苍茫，天边一轮朗月；玲珑剔透，万户捣衣砧声。也入宫闱，常驻瑶宫。形似凝膏，滞流云以缱绻；神如玉冻，披虹霓而空灵。赛丛林清风飒爽，胜碧波兰桨玲琮。环白云以为珮，纫芝兰而乘风。醉处子之馥郁，欣雅客之从容。掬波斩浪，纳雨吸风，石之伟者，尽在边城！"

昌化石按照色彩分为青白两种，其中最著名的被称为鸡血。白质而红筋，腴润鲜明，深入腠理，纹理色彩具有变幻万千之美，作为印章使用极易雕刻，大者方仅寸余，小者方五六分而已。十八都以外，昌化石皆为青石，即使是白石品质也较普通，虽温软更胜青田石，但大型石材较为稀缺。古时人力所限不便运输，所以都是当地士绅收藏，当时收藏大户人称"一点二点三点四点"：一点方，二点冯，三点洪，四点熊，由来久矣。到民国年间，在浙皖之间找到一条通路才得以运输至外地，更多地为世人所见和拥有。

昌化石开采在很长时间内主要在老鹰岩、红硐岩、料荡矿区，从开采痕迹来看，老鹰岩和料荡矿区的规模时间较长。相传，古代曾有上海人长年开采鸡血石，好久未回家，家里人找到十二都 (矿区)，但不见人踪迹，只见老鹰岩北坡一堆似山头的矿渣石。据老人说：老鹰岩有人曾打到"红门槛"，意为极品鸡血石，但在这次取鸡血石过程中出现了一次岩石大塌方，很多开采人压在了山下。这个故事虽在昌化鸡血石业内口口相传，却也说明昌化鸡血石开采的历史悠久和采矿的艰辛与不易。

但从另一个角度来看，昌化鸡血石色泽艳丽、红如鸡血，加之质地细腻、易于雕琢，在时光的流转中成为皇室贵族和文人墨客崇尚的印石珍品，赢得了"印章皇后"美誉。

昌化鸡血石色泽艳丽、殷红如血，正与中华民族的传统正色"红色"不谋而合。红色不仅是中华民族最喜爱的色彩，更是国人的文化图腾和精神皈依，代表着喜庆、热闹与祥和。

小血果

昌化鸡血石在明代早期成为宫廷珍藏，在清代达到巅峰，横跨四个不同的历史时期，恰与故宫同龄，讲述着中华民族从繁盛到衰落再至伟大复兴的历史。故宫借助着全新的文娱形式与多样的周边，不仅文物"活"了起来，也让年轻人更加热爱中华传统；而昌化鸡血石在全新的时代，也应该摆脱"养在深闺""阳春白雪"的姿态，让更多人能够欣赏她璀璨瑰丽的美，并深入了解她背后的历史和人文精粹。

江南意蕴、文昌造化，我们能做的便是将这世间难得的瑰宝演绎成传世经典。

"心藏石腹开朱色，腕运刀花炼雅魂。"古人对于昌化鸡血石的描绘，留给世人艳丽无匹的想象。鸡血石矿藏极为罕有，其中尤以昌化所产最负盛名。而在昌化当地，鸡血石仅蕴藏在玉岩山腰金鸡山旁一块不大的地段中，足可见其弥足珍贵。

　　古时的文人士大夫拟石比人、相石绘影，因而玉石便被赋予了人性之美。"君子比德以玉"，是因玉器细腻温润又坚韧清透的特性与君子的品德不谋而合。昌化鸡血石也蕴含着"细、腻、温、润、凝、赤"六种珍贵品质，成为君子精神的完美写照。

2000 年时光传承
世事流转　鸡血永恒

　　昌化石艳丽而神秘，它的历史同样充满着传奇色彩。1999 年，杭州半山石塘村战国墓中出土的昌化石剑饰将昌化石雕的历史上推二千三百余年，这表明，在战国时期，杭州人就开发使用了昌化石。

　　战国古墓中出土的十余件剑饰中包含了兽面纹剑首、剑格、剑秘等，均是以昌化石制成，历经二千余年，时光苍苍、岁月悠悠，却仍旧保留着当年的模样，连昌化石的色彩也依稀如昨。尤其是刻有鸟篆文"越王"和"越王之子"，堪称昌化石錾刻艺术的滥觞，既是墓主人身份的象征，同时也彰显出当世最为精湛的工艺。

　　五代十国，战火兵燹在华夏大地上肆意蔓延，珍宝与建筑大都毁于战火，让后世之人无法欣赏到宫廷重器之美。但原本属于吴越国的临安却出土了一百多件精美宫廷玉石器。在战火纷飞的年代，在中国的玉石文化面临中断危机时，吴越国国王钱镠采取保境安民的政策，使得吴越国远离战乱、经济繁荣，渔盐桑蚕之利甲于江南，打造出乱世中和平繁荣的王国，也由此成就了人们对南方"上有天堂，下有苏杭"的美誉。末代国王钱俶顺应时势"纳土归宋"，宋朝取"吴昌"而"化"之，遂于宋太平兴国三年（978），将吴昌县改为昌化县，昌化鸡血石便由此而得名。吴越国虽成历史，但吴越的玉石艺术和人文经典却完整地保留下来，并一路流传，成为中华文明的一颗明珠。

　　元末著名诗人和画家王冕将昌化石用作印材，开创昌化石治印之先河。从此以后，书画上加盖昌化石钤印成为文人墨客们的向往与追求。

　　明代伊始，由于审美的更迭与资源的涌现，宫廷对于玉石的审美从清淡走向艳丽，昌化鸡血石也成为宫中御用之物。产地挖到的原石一律送往宫中，

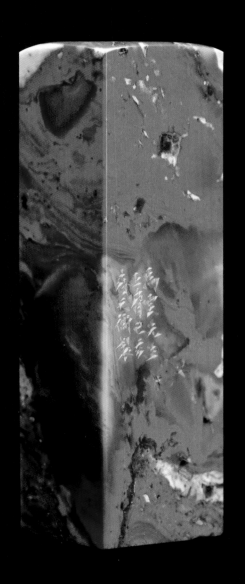

马云鉴藏　韩天衡篆刻

由宫中专业石雕工艺师精雕细琢出一件件巧夺天工的作品，由皇帝把赏或赐与极少数重臣。由此可见，昌化鸡血石不仅是文化艺术的缩影，更是法度与地位的象征。刘绩的《绩雪录》与朱彝尊的《曝书亭集》对昌化石亦多有记载。

清代，康熙、乾隆、咸丰、同治皇帝和慈禧太后都十分推崇昌化鸡血石，并将它作为"宝玺"的印料。乾隆南巡时喜得大号昌化鸡血石章一方，印制"乾隆宸翰"四字，并敕封昌化鸡血石为"国宝"。其实就宝玺而言，它是帝王最重要的一枚玉玺，是象征皇权帝位传承的无上至宝，自古以来只有传国玉玺获此殊荣，昌化鸡血石的地位也由此水涨船高。

清康熙五十八年（1719），当时的昌化县令方城，在卸任时曾写下《留别昌化父老》七绝一首——"三年幸得返吾庐，投砚高风愧不如；检点衙斋收入好，半方图石两箱书。"这里的"图石"即鸡血石，身为昌化鸡血石产地县的县令，仅只有"半方图石"，那老百姓就不敢奢望了。"半方图石"尚属"收入好"之御赐奖励，无外乎帝王将相、王公、贵族均以为傲，拥以为重了。昌化石也因此载入《浙江通志》，书中对昌化石的特质极尽赞美："昌化县产图章石，红点若朱砂，亦有青紫如玳瑁，良可爱玩，近则罕得矣。"

民国甲子年（1924），昌化石作为昌北区特产载入续修的《昌化县志》。此后数年，真正的老矿鸡血石已是极为罕见的珍品，连著名文人学者和政府官员也以能获得一两枚昌化鸡血石为荣。

1949年以后，昌化鸡血石更是深受领导人的喜爱，并成为代表国家形象的"国礼"。著名书画家齐白石曾经送给毛泽东一对鸡血石印章，主席一生珍爱；20世纪70年代初，周恩来总理将昌化鸡血石对章作为国礼，馈赠时任日本首相的田中角荣和外相大平正芳。操刀奏石者是集云阁篆刻家沈受觉、刘友石先生。于是，鸡血石在日本名声大噪，掀起了一股收藏鸡血石热潮。大批日本游客来华时，必将鸡血石作为首选礼品带回国内。

而影响了一个时代的著名文化名流郭沫若、吴昌硕、齐白石、徐悲鸿、钱君匋、潘天寿等都与昌化鸡血石结下了不解之缘。昌化鸡血石物流五大洲，尤其在日本、韩国和新加坡等国家和侨居各国的华侨之中享有盛誉，展现出中国文化强大的影响力。

文明象征 礼序传承
从帝王贵胄到雅士商贾

　　鸡血石经过石雕家的神来之笔后，更赋予了其高贵的身价。它以亿万年的天地之灵性、鬼斧神工的上天之智慧和摄人心魄的魅力，为名人雅士、商贾富豪、达官贵人、帝王将相珍爱和收藏，荣升为"印石皇后"。2004年国家邮政局发行的一套《鸡血石印》特种邮票，印的便是由昌化鸡血石刻成的两方宝玺——乾隆宝玺、嘉庆宝玺，成为当之无愧的"国家名片"。2016年昌化石肖像印章成为G20杭州峰会的国礼。这一方方色彩斑斓、自成天地的石头，承载着历史、文化、艺术与经济。国际的关注和政界要人的追捧让昌化鸡血石又一次身价陡增，国人对鸡血石的收藏投资热情也逐年上升。但由于鸡血石的产量非常有限，市场价格一涨再涨，成为玉石收藏的风向标。

鸡血石原石

上天馈赠　开采往事

　　20世纪20年代初，昌化石步入了规模化开采的阶段，这其中既有时代的原因，也有科技发展的原因。古代昌化石开采主要有两种，一种为露天的破石开采，找到矿脉后直接将岩石以铁钻破。另一种火烧开采，以土封鸡血石，而后用干柴烧至高温，以水迅速冷却，使石块脱落。这两种开采方式全靠人力，不但十分艰辛，开采效率亦十分低下。

　　民国时期，使用的是铁钎手工打炮眼，用火药炸石头。1949年后的一段时期内，依旧使用铁钎手工打炮眼的方式，只是火药改成了炸药，威力也就大了不少。

　　直到20世纪90年代，采矿才翻开了崭新的篇章。机械开采（柴油机风钻、汽油机手风钻），让效率大大提升。我便是中国历史上第一批使用手风钻机械开采的矿工，乘着科技发展的东风，在集体老坑洞口、钱家洞口、中梅村集体洞口见证了大量优质昌化石的诞生。

　　仔细想来，也是由于科技的发展和时代的进步才造就了昌化石开采空前的繁荣，而对外开放和经济的发展则让昌化石收藏者蜂拥而至。昌化鸡血石矿藏本就稀少鲜有，经过多年的开采，著名的"207"矿洞资源亦是日渐枯竭。1986年8月，浙江省人大常委会办公厅到矿山视察，并针对滥采乱挖的状况提出了"救救国宝——鸡血石"的意见。同年冬天，临安政府作出了封闭原"207矿"矿洞的决定，并将该区定为禁区。从此以后，惊艳而传奇的"207"矿成为历史中闪耀的过往。之后老坑中也有高档原石产出，便开始从私人开采售卖转为公开拍卖的形式进行销售。这公开、公平竞争的市场机制的引入，让昌化鸡血石开采和销售日趋成熟，也避免了滥开滥采的情况发生。

　　上天在冥冥之中亦有自己的安排，他为你关上了一扇门却会为你打开无数扇窗。20世纪90年代，钱家村、邵家村、汪家村陆续开采出优质昌化鸡血石，

优质鸡血石矿也不断被发现，昌化鸡血石的发展达到了历史的巅峰。

试以时间表以直观展现昌化石开采的历史演变：

表 1　不同时期昌化石开采方式与主要开采矿区比较

开采时间	开采方式	主要开采矿区
古代至 1950 年	原始开采	老鹰岩矿、红硐矿、料荡里
1950 年至 1970 年	现代化开采	红硐矿（老坑）
1970 年至 2018 年	原始、现代化开采	全矿区开采

而我也是在昌化鸡血石最为火热的年代投身于鸡血石的开采，积累了自己人生的第一桶金。之后我的努力和付出也得到了上天的回馈，屡屡开采到的精品和之后不断获得国家级奖项，都成为我不断探索和深耕昌化鸡血石行业的源动力。

卅年时光弹指而过，如今我早已不再是当年那个初识昌化石的年轻人，而昌化石也早已成为我生命中不可割舍的重要组成部分。每当我徜徉在自己的收藏前，脑海中仍会不断闪现当年的片段。从惊鸿一瞥的初遇到矿洞中一眼万年的惊艳，就成为我内心深藏的昌化石情结，成就一生的迷恋。如今人们常常说"初心"，我也希望在收藏昌化石的道路上能够如诗中所说的那样"出走半生，归来仍是少年"。

《中国》里唱道『一玉口中国，一瓦顶成家。都说国很大，其实一个家』，将国与家的概念阐述得鞭辟入里。印信文化则是串联起家与国的纽带，个人的信与诺由印章鉴证，家族兴盛由印石錾刻传承而国家号令制度则由玉玺盖章论定。印章，虽精致小巧、便于收纳与携带，却彰显出家国天下的重量。

昌化田黄鸡血石原石

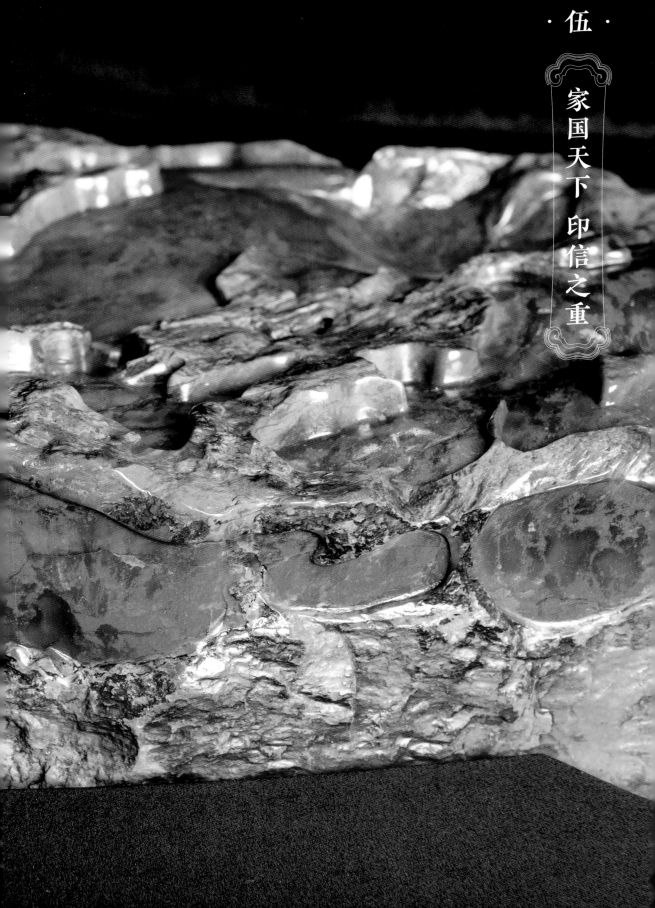

时光沧海　印信为名

　　人类社会从原始进入文明，最显著的标志便是丰富而深刻的精神世界，思考让人类不断前行，知识与信念则成为社会发展的宝贵财富。其中也有了与汉字共生的一代代人的智慧积累，有了印信文化为根基，在上下五千年的文明长卷上描绘出动人的蓝图，也让中华五千年的文明源远流长、延续至今。

　　智者与先贤在国之崛起和文明延续的过程中逐渐形成了印信文化，从而维护国之根基与契约精神。印信是智慧的产物，早在春秋战国时代，君王便以此彰显权力与地位。它是国之重器，定鼎安天下，而印信则是对外沟通外交、对内赋予权利的象征。

　　印信本身就是一种授予、一种职责，也是一种权力、一种约定、一种信任、一种承诺。如同《季子挂剑》，君子重信、言而有信，成为中华民族的宝贵品质。自古也有"心心相印"的成语，心意相投、信守承诺，无论在纸张上还是在心里，信的力量无可取代。

　　中国的雕刻文字，殷商有甲骨文，周朝有钟鼎文，秦朝则勒石为刻，凡在金铜玉石等素材上雕刻的文字通称为"金石"。传至春秋战国，"金石"中的"玺印"成为帝王君临天下的标识，而印章则成为上自公侯下至文士的身份与承诺的印证。

　　当我们在古代墓葬中发掘墓主人的信息，当我们在古代书画中找寻作者的信息，一方钤印就成了最重要的证明。

　　数千年的印章使用，终于发现了"印石皇后"。昌化鸡血石，因殷红艳丽的色彩，温润如玉稳定的质地，而成为印章最上乘之选，成为人之一生中身份的象征。人生于世，便是缘分之始，一方《平安印》寄托着"幸福安康、吉祥如意"的美好寓意，可盖于纸笺，也可盖在心上，成为人之一生最好的期盼。

童稚尽成人，园林半乔木。冠礼之时，已知有所为，有所不为。一方《成人印》赠与青年，男儿出相入仕、顶天立地；女子兰心蕙质、平安顺遂，便是对于未来人生最好的祝福。

天成佳偶是知音，共苦同甘不变心。人生美妙之时，也是责任担当时。古有三媒六聘，而今则以一对《婚庆印》彰显彼此的山盟海誓："两姓联姻，一堂缔约，良缘永结，匹配同称。"

人生的幸福便在于平安与顺遂的日常生活。心有多近，幸福就有多近；心有多远，幸福就有多远。一对双印信，永为连理枝，岂不是对婚姻最郑重的承诺？

人生一世，亦如同一场舞台上悲欢离合的一幕大戏。大幕揭开，登台亮相，生旦净末丑，喜怒哀乐愁，每一个人都在努力扮演着自己的角色。无论是坦途还是坎坷，无论是顺境还是逆境，都要时时怀揣着一颗真诚之心，用一生修一方《诚信印》。

用真诚与包容面对他人，用正直与无私面对自己。精神上的充实更胜过财富上的富足，懂得知足，懂得感恩，常怀悲悯，便能幸福相伴。

俯仰无愧天地，褒奖写就人生。印信承载着身份与信仰，承载着郑重承诺，在时光之中铭刻闪光的人性。每人一印最中国，以此致献中华文明！

家风传承　家族繁盛

对于国人而言，有国就有家，有家就有家风。从世族大家文字化的家训、家谱，到普通百姓父母长辈的一言一行，家规、家教形式不同，传递的都是一个家庭或家族的道德准则和价值取向。

从另一个方面而言，万丈高楼始于基，一个人价值观形成的起点是家风，家风就是一个人和一家人成长的"地基"，从《颜氏家训》《朱子家训》到《曾国藩家书》《钱氏家训》，这些优良家风的教诲，是比其他的物质财富更能够代代相传的宝贵财产。

在现代社会，距离与工作让人们往往忽视了家庭与家族亲情关系的维护，而时代的变革也让代代相传的土地和房屋不再具有长久传承的功能。如何能够将家族正能量的信念镌刻在现代人的心底，如何将优良家风不断传承与发扬，便成了社会发展与精神文明建设中十分关键的一环。

比起祠堂之大、牌位之高，于印信方寸之间象征家族中的先祖和长辈，将家风镌刻在印章上传承给后辈，更是现代社会致敬传统文化、展现超越时代的家族凝聚力与责任感的重要形式。

印石皇后

昌化彩石、奇石

传国玉玺　国之重器

　　玉玺，是皇帝的玉印，是至高权力的象征，亦是国家法度与礼制的代表。周朝建立，周公制礼作乐，中国的上邦气度也让四海臣服、万众归心。也是在此时，国玺制度由此奠定。周天子的诏令、国书都需要加盖玺印才具备号令天下的威仪，诸侯王见之信服，军事将领见之而调兵。

　　及至秦始皇统一中国，皇帝不仅拥有了独属的自称"朕"，皇帝的印信也有了独一无二的称号"传国玉玺"。用来制作传国玉玺的材料自然也绝非泛泛，而是中国历史上最传奇的玉璧——和氏璧。

　　玉玺方圆四寸，上纽交五龙，正面有李斯所书"受命于天，既寿永昌"八篆字，又由玉工孙寿錾刻其上，以作为"皇权神授、正统合法"之信物。

　　由此以往，这枚国玺便成为天下人追逐的目标，其疯狂程度绝不亚于武林人士对"武林至尊宝刀屠龙"的追捧。胡亥杀公子扶苏即位为秦二世，秦二世而亡，《史记》记载"令子婴斋，当庙见，受玉玺"，子婴把传世玉玺献给汉高祖刘邦，这枚象征着秦朝统一天下的玉玺也便成了"汉传国玉玺"。王莽篡权后，向孝元皇太后逼索玉玺，皇太后怒，把国玺狠狠砸在地上摔崩了一个角，王莽让人用黄金镶补，尽管手艺精巧，但宝玺终究留下缺角之憾。

　　汉末年各路诸侯讨伐董卓时，率先攻入洛阳城的孙坚，在井中得一宫女尸身，其上有一红色匣子，匣中之物正是传国玺。之后孙坚之子孙策将玉玺献与袁术以借兵马。孙策用此玺从袁术处换来三千兵将，从而奠定了孙吴霸业之基。袁术称帝失败后，玉玺归属曹操。之后玉玺经过魏、西晋、前赵、北魏、东晋、宋、南齐、南梁、北齐、北周、隋，传到唐朝，

藕粉冻鸡血石印章

尺寸：1.2cm×2.0cm×5.2cm

重量：30g

在中华最为繁盛强大的朝代，展现出中原王朝的号令天下霸主的地位。

五代十国，颠沛流离，传国玉玺传至后梁、后唐时销声匿迹，至今杳无踪影，成为与九鼎一样的历史不解之谜。因而，传国玉玺也便赋予了更为传奇的声名。得之则象征其"受命于天"，失之则表现其"气数已尽"。凡登大位而无此玺者，则被讥为"白版皇帝"，显得底气不足而为世人所轻蔑。

武则天以降，玉玺的数量、体积都在不断增加，名称也由"玺"变为了"宝"，而其中最重要的变化则是玉玺材质的更迭。北宋时期的玉宝增至十二宝，南宋则是十七宝。明朝猛增至二十四宝，清朝除交泰殿二十五宝日常使用外，还供奉着"盛京十宝"。宝玺的尺寸也从唐朝时的二寸到四寸直到明清的方二寸九到五寸九不等，最大者有宋朝"宝命宝"，"范围天地，幽赞神明，保合太和，万寿天皇"的"定命宝"印面竟有九寸见方，而明朝建文帝的"凝命神宝"印面却是一尺六寸九分见方，可谓是硕大无比。也是在明清之际，昌化鸡血石登上了宫廷的舞台，成了号令天下的天子玺印，同时也彰显出天下之主的煊赫威严。

传承有序 福泽后世

一统江山

第九届中国玉雕石雕"天工奖"金奖

敬献七十华诞　绽放印石文化

　　六十为一甲子，新生的共和国历经风雨沧桑，在中国共产党的领导下，战胜各种艰难险阻，谱写了社会主义革命、建设、改革的壮丽诗篇，探索出古老文明走向现代化的发展道路。如今我们迎来中华人民共和国成立七十周年华诞，见证全国人民同心同德、艰苦奋斗的过往，也在历届党中央领导人的带领下，开启波澜壮阔的崭新篇章。面对累累硕果，我们完全可以无比自豪地说，一个充满生机和希望的中国，已经巍然屹立在世界的东方。这是前所未有的机遇，亦是每一个中国人肩负的光荣职责。

　　文化是民族的血脉，同样也是文明的积淀与国家的象征。文化自信是更基本、更深层、更持久的力量，鼓舞着国人继往开来、不断奋进，在世界舞台上展现出日益夺目的光彩。中国传统文化凝结着哲人先贤的智慧与理想，积淀着文臣武将、文人墨客的气度与神韵，铭刻着历史丰碑上荡气回肠的过往，同样也展望着光辉未来。实现中华民族伟大复兴的"中国梦"，实施中华优秀传统文化传承发展工程，已然成为建设社会主义文化强国的重大战略任务。

　　在源远流长的中华文明长河中，印石文化是一个窗口，让我们得以管中窥豹，感受传统文化的汲养。

　　印信文化，于个人，是身份的象征、承诺的信守；于家族，是家风的传承与血脉的延续；于国家，是领土主权的象征，更是民族自信的彰显。传承印石文化，便是将中国传统美德与文化精粹牢牢镌刻于每一个中华儿女的精神之中。昌化鸡血石历来有"印章皇后"之美誉，一方印章中，有自然造化之美，也有雕刻技艺之高，将之作为印信一代代传承，亦是文化的精粹。

　　石雕文化，凝结着雕刻大师的毕生心血，更是中华文化的缩影。昌化历史

昌化鸡血石

尺寸：2.3cm×2.3cm×8.3cm
重量：105.2g

悠久、蕴藏丰富，昌化鸡血石更是这片土地独一无二的馈赠。自然造化、时光凝结造就出独一无二的原石，雕刻大师以精湛的工艺因势赋形，赋予其巧夺天工之美。而文化、历史与古典审美注入则是点睛之笔，为每一件昌化鸡血石石雕注入生命的力量，成为传承千秋万代的艺术珍品。

发扬昌化国石文化，不仅有助于打造昌化乃至临安和杭州的文化名片，更有助于传承中华文脉，全面提升人民群众文化素养及增强国家文化软实力，并以此为契机，让中华的传统文化、深远影响与和平信念传播到更广阔、更深远的领域，让蓬勃发展的丝路经济造福世界人民

而我也愿以此书敬献中华人民共和国七十华诞，让国石文化璀璨绽放，寄托全面实现中华民族伟大复兴的"中国梦"。

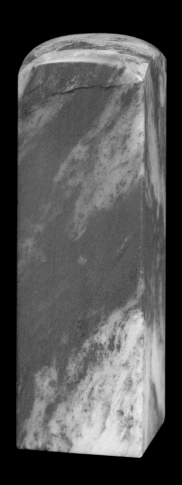

藕粉冻鸡血石印章

尺寸：2.0cm×2.0cm×6.5cm

重量：66g

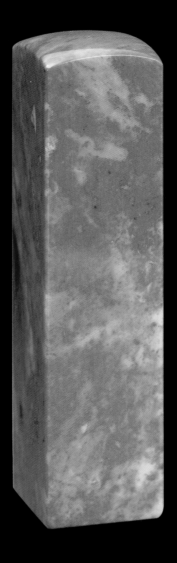

桃花冻鸡血石印章

尺寸：2.1cm×2.1cm×9.0cm

重量：116g

"求是之印"　信仰之力　文化之重

2019 年，浙江每石文化创意有限公司与浙江大学的合作，书写下昌化鸡血石印章的全新篇章。之所以选择浙大，是因为浙大与昌化石似有契合，都是浙江宝贵的文化资源。浙江大学是世界名校高等学府，每年向社会输送精英人才，是杭州城市文化中重要的部分，是每个浙江人内心的骄傲。

6 月 27 日，每石文化与浙江大学教育基金会在浙江大学紫金港校区举行捐赠仪式。每石文化向浙江大学应届毕业生定制捐赠万枚昌化石印章。

每一枚"求是印"都刻有"求是之子"的字样，彰显出每一个浙大人身份的认同与文化的自信。"求是"二字是竺可桢老校长在抗日战争的烽火中确立的浙江大学校训，是"只问是非，不计利害"的科学精神的写照。

　　灵山之石，细腻温润凝结，变化万千。求是之精神则是浙大之符号，母校之寄托。求是之子，代表着天之骄子的骄傲，浙大每一位学子之荣誉。手持精致温润的印章，浙大的领导也纷纷发表了自己的看法。

　　任少波书记说："由临安昌化石雕刻而成的印章，不仅是一份毕业礼物，更是学校文化的重要组成部分。印章底部特意留白，是对学生们的期许，希望他们作为一名'求是之子'，能够自我镌刻，秉承求是创新的校训，书写自己美好的未来。"

　　李赛文部长则表示："国石文化进浙大，让昌化石迎来了一次华丽转身。浙大学子分布在全球各地，这枚印章不仅是母校留给学子们的牵挂和'浙大人'身份的象征，也是对临安国石文化最好的一种宣传推广，求是精神赋予了昌化石更多内涵，对于打响临安昌化石国石文化品牌意义重大。"

　　6月29日，浙江大学2019年夏季研究生毕业典礼暨学位授予仪式在紫金港校区体育馆举行。3700余名研究生将从求是园走进社会，书写人生的全新篇章。

　　除了为毕业学子授予证书，浙江大学也将每石文化所赠与的"求是印"作为礼物，表达对浙大学子未来的期许与祝福。这方印章，是浙大身份、浙大文化、浙大信念的象征，是构建校友发展共同体、联

结浙大和校友的纽带，是浙大对学子们走向全国、走向世界、走向未来的期待。

　　无论未来身处何方、投身于怎样的事业，浙大学子血液里所流淌的"浙大情"和"求是魂"将永远不变。同时也祝愿这 3700 余名学子带着"求是之子"的信念和初心，用实际行动镌刻人生，报效祖国，拥抱属于浙大人的灿烂星辰！

　　印者，信也，游于方寸之间，醉于朱白之美，小至一人，大至一国，执印章为信物，轻轻一盖，虽天地不可改其性。以国石打造的"求是印"也将伴随浙大学子始终初心不改，迈向广阔人生。

神奇的昌化石

（女声独唱）

作词：姜国成
作曲：陆建平

1=G 4/4 中慢、典雅

图书在版编目（CIP）数据

印石皇后昌化鸡血石 / 姜四海编著. -- 杭州 ： 西泠印社出版社，2019.9
（昌化石文化研究丛书）
ISBN 978-7-5508-2928-2

Ⅰ. ①印… Ⅱ. ①姜… Ⅲ. ①鸡血石－文化研究－杭州 Ⅳ. ①TS933.21

中国版本图书馆CIP数据核字（2019）第256874号

昌化石文化研究丛书

印石皇后昌化鸡血石

姜四海　编著

出 品 人	江　吟
责任编辑	李寒晴
责任出版	李　兵
责任校对	徐　岫
装帧设计	戎选伊
出版发行	西泠印社出版社

（杭州市西湖文化广场32号5楼　邮政编码　310014）

经　　销	全国新华书店
制　　版	杭州集美文化艺术有限公司
印　　刷	浙江海虹彩色印务有限公司
开　　本	787mm×1092mm　1/16
字　　数	100千
印　　张	17
印　　数	0001—2000
书　　号	ISBN 978-7-5508-2928-2
版　　次	2019年9月第1版　第1次印刷
定　　价	358.00元

版权所有　翻印必究　印制差错　负责调换

西泠印社出版社发行部联系方式：（0571）87243079